U0377091

祁云枝
2022春

北京市科学技术协会科普创作出版资金资助项目

草木祁谈

科学家给孩子的植物手记

祁云枝 | 著绘

世界图书出版公司

西安　北京　上海　广州

图书在版编目（CIP）数据

草木祁谈：科学家给孩子的植物手记 / 祁云枝著绘. — 北京 ： 世界图书出版公司，2022.1
ISBN 978-7-5192-6984-5

Ⅰ．①草… Ⅱ．①祁… Ⅲ．①植物－儿童读物 Ⅳ．①Q94-49

中国版本图书馆CIP数据核字(2020)第060677号

书　　名	**草木祁谈：科学家给孩子的植物手记**
	CAOMU QI TAN: KEXUEJIA GEI HAIZI DE ZHIWU SHOUJI
著　　者	祁云枝
绘　　者	祁云枝
策划编辑	赵亚强
责任编辑	赵亚强　王　冰
美术编辑	吴　彤
出版发行	世界图书出版公司
地　　址	北京市东城区朝内大街137号
邮　　编	100010
电　　话	010-64038355（发行）　64037380（客服）　64033507（总编室）
经　　销	新华书店
印　　刷	西安浩轩印务有限公司
开　　本	185mm×260mm　1/16
印　　张	12.5
字　　数	150千字
版　　次	2022年1月第1版
印　　次	2022年1月第1次印刷
国际书号	978-7-5192-6984-5
定　　价	68.00元

祁云枝用文学与漫画诠释科学，让科学深入人心。她手绘的漫画，或温馨，或幽默，或直观，翻阅之时灵感流动，一草一木皆有了精彩的生命和思想。

中国科学院院士、中国植物学会名誉理事长　洪德元

她的植物散文，充满了自然的情趣和人性的可爱，有着向上的动人力量。

读祁云枝的科学散文，可以感受到作者对花草世界的谙熟，以及从生活角度对生命的思考和鉴赏。她借助花草来阐释自己对人生、社会的独特认知。从某种意义上说，这些花草是散发着声音、气味、想象的神奇生命。祁云枝这种独特体验下对生命的思索和心灵的震撼延续成多彩的世界，让读者在色彩与生活的观瞻下，不断领略诗意与美感的植物世界，感受花草散文的独特魅力。

陕西省作家协会会员、第六届冰心散文奖获得者　常晓军

读祁云枝书中的每一篇文章，都能让人体会到一花一叶一世界、一草一木皆有情。在科学园地里，她是一位植物学专家，研究员；在文学领域里，她又是一位懂专业的优秀作家，寓草木花卉以哲理情思，以女性感觉细腻的美文见长；同时她又是一位以植物花卉为主题、运用幽默画笔的漫画家，她的植物哲学漫画在全国三十多个城市巡展，是当今少见的"三栖"才女。

祁云技的书是科学与文学艺术跨界之恋结晶出的优秀文本。

高级编辑、国务院特殊津贴专家　郭兴文

祁云枝的文字是沾染了花草之香的，每篇文章都有着不同的韵味，或故事引入，或开门见山，或联系生活，或启发哲思。

"一花一世界，一树一菩提"，万物原是那样纯良美善、智慧，只是我们没有读懂它而已。借着祁云枝的文字和漫画，净化自己，学会了与世界坦诚相处。

儿童文学作家、冰心儿童文学新作奖获得者　王朝群

作者把对植物多年的研究、观察与感悟，用文学化的语言配以亲手绘制的漫画，让我们感受到了生命的美好。

作者用博大的爱心和严谨的科学态度，勾勒出有着人性美和哲学美的花草，让读者从中生发出对生存环境，对自然、对生命的热爱，唤起人们对真善美的追求。

《中国绿色时报》陕西记者站记者、《美丽陕西》编辑　赵侠

写在前面的话

儿童早期教育研究表明，幼儿园和小学阶段是实施科学启蒙教育的最佳时期。如果儿童的科学思维能力、创造能力在这一时期能得到很好地培养，激发他们对自然和科学的学习兴趣。等他们进入中学和大学后，他们就能体验到学习科学的乐趣，提高科学研究的能力，获取科学知识，提升科学素质，从而培养良好的科学态度、情感和价值观。

2017年2月15日教育部印发《义务教育小学科学课程标准》，要求小学科学课程起始年级调整为一年级，可见青少年科学教育的紧迫性和小学科学课程的重要性。因为科学课程可以让学生了解生活中的自然知识，发现大自然的奥秘，培养科学的思维方法。

在与大自然的长期共处中，人类赋予了植物丰富的文化内涵。《诗经》中详细记载了植物的生长环境、植物与人类生活的各种联系；唐诗宋词中更是将植物作为人们感情的纽带，以植物寄托悲欢离合的心绪。中国文人以"梅兰竹菊"为"四君子"，在一花一草、一石一木中负载了自己的情感，拓展了花木草石原有的意义，成为人格的象征和隐喻……像这些传统文化与自然科学的和谐统一，早已成为在全国中考、高考的一个热点话题。

编写一本真正能让中国儿童在幼儿园和小学阶段爱上科学的优秀科普图书，是出版人在这个时代的责任和使命。虽然现在市场上有不少像DK百科这样的国外科普图书，但将中国优秀的传统文化与植物知识相结合的科普图书少之又少，有些科普图书内容缺乏针对性、适宜性，有些科普图书形式缺乏时代性，不注重实践操作，或存在知识结构整体性不强等问题。

为此，我们邀请了中国科学院西安分院陕西省植物研究所研究员、中国科普作家协会会员祁云枝老师为中国儿童编写了一本立足本土植物的精品原创科普图书《草木祁谈：科学家给孩子的植物手记》。这本书全面提升中国儿童观察自然、认识自然、亲近自然、理解自然的能力，既传播了植物的基本科普知识，为中国儿童提供了多种认识自然的方法，同时又勾勒了美丽中国原本的生态与独特的历史文化传承。

特别要强调的是，这本书做到了三个结合：

第一，将植物科普知识与中国优秀的传统文化相结合；

第二，将科普知识学习与儿童的观察实践、文学创作相结合；

第三，将植物档案、科普故事、手绘漫画、传统古诗词、植物精美图片与观察手记等多种形式相结合。

做一本好书，需要时间的沉淀和精心地打磨。《草木祁谈：科学家给孩子的植物手记》从立项到出版用了整整三年时间，每一种植物的完美展现都凝聚了作者和编辑的心血，就像小世界童书馆的宗旨，致力于精品童书的出版。我们希望送给每个孩子一个精彩的小世界！

最后，要感谢本书的作者祁云枝老师的精心创作，她的文风舒朗开阔、富有生活哲理，她的画风清新灵动、充满童趣；要感谢刘文哲老师、周亚福老师、卢元老师、周晓君老师等一批植物科研人员的无私帮助，他们提供了精美的植物图片；要感谢中国科学院院士、中国植物学会名誉理事长洪德元院士，陕西省作家协会会员、第六届冰心散文奖获得者常晓军老师，高级编辑、享受国务院特殊津贴专家郭兴文老师，儿童文学作家、冰心儿童文学新作奖获得者王朝群老师，《中国绿色时报》陕西记者站记者、《美丽陕西》编辑赵侠老师等多位专家的倾情推荐；更要特别感谢北京市科学技术协会科普创作出版资金的资助和工作人员的大力支持，这本书才得以呈现在广大读者的面前。

小世界童书馆
2021年12月

目　录

○上篇　草本植物

◦下篇　木本植物

185 後记——在草木里发现美好

上 篇

草 本 植 物

瓦松

植物档案

中文名	瓦松	别名	瓦花、向天草、天王铁塔草
门	被子植物门	科属	景天科　瓦松属
花期	8—9月	果期	9—10月
习性	二年生草本。耐旱耐寒，生于石质山坡和岩石上以及瓦房或草房顶上		
主要分布	湖北、安徽、江苏、浙江、青海、宁夏、甘肃、陕西、河南、山东、山西、河北、内蒙古、辽宁、黑龙江等		

瓦松

瓦松——瓦缝间的小生灵

　　从黳黑的瓦垄间，挤出胖乎乎的茎叶，形成密匝匝瓦松的小丛林。劲风刮不走，暴雨冲不走。生长在老房子上瓦楞间的瓦松，从一出生开始，就不得不面对缺水少土的窘境，更谈不上有肥料的宠幸了。但坚韧的瓦松挺了过来，并赢得许多好听的名字：瓦玉、瓦塔、岩松、瓦莲草、向天草等。有些地方还叫它"蓝瓦精"，真是够形象的，那些挤出瓦缝的小生灵，心思单纯、听风观雨久了，都成了精。

　　在老家的老房子上，在大西北的风中，瓦松毫不气馁地东摇西晃，不惧风雨。

　　不知道老家的瓦松是否清楚，它曾经给一个少女带来怎样的惊喜和疑惑：房檐上、瓦楞间，能有多少泥土，又有多少供给它生存的营养？它又是怎样在高高的房檐上度过北风呼号的冬天？高处不胜寒啊！

　　夏秋之时，乡亲们会采下瓦松，晒干或鲜用，用于止血、利尿、通便、消肿、杀虫。《本草纲目》中称瓦松的药性为"酸、苦、寒"，倒是与瓦松的生存环境十分贴切。

　　随着年龄的增大，我渐渐读懂了瓦松——生命常常被环境左右，但顽强的生命又悄悄改变着环境。适者生存的规律尽管无情，但一切的适者，都如瓦松般，是战胜环境的强者。

进不必媚，居不求利，
芳不为人，生不因地。

——［唐］崔融《瓦松赋》

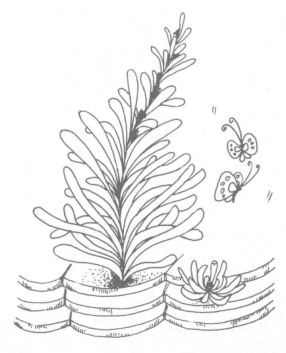

1.植物的根、茎、叶、花、果实等形态各异,写写你的观察结果。

2.关于瓦松的诗歌、谚语还有没有呢? 查一查,试举一例。

3.作者的这篇手记,主要讲述了瓦松的哪些特点?

4.该你了,写出你的观察手记吧。

观察手记

日期:

地点:

5. 标本采集。请将你采集的标本粘贴在本页上，并完成标本采集打卡哦。

花

植物标本便签

中文种名：_____
科　　名：_____
制 作 人：_____
制作时间：_____

叶

植物标本便签

中文种名：_____
科　　名：_____
制 作 人：_____
制作时间：_____

种子

植物标本便签

中文种名：_____
科　　名：_____
制 作 人：_____
制作时间：_____

仙人掌

植物档案

中文名	仙人掌	别名	仙巴掌、霸王树、火焰
门	被子植物门	科属	
花期	6—10 月	仙人掌科　　仙人掌属	
		果期	—
习性	仙人掌喜阳光、温暖、耐旱，怕寒冷、怕涝、怕酸性土壤，适合在中性、微碱性土壤生长。为此，家庭栽培仙人掌应选择放在有阳光的窗台上，并选微碱性沙质土为宜		
主要分布	我国南方沿海地区常见栽培		

仙人掌

仙人掌——泰然栖身

在仙人掌的老家墨西哥，它的兄弟姐妹们外表都好有个性——掌状、柱状、鞭状、棍状、树状、三角、椭圆、四棱、多棱……长相虽然全无章法，但大多数肉乎乎、肥肥胖胖的，体内储存着大量浆液。

仙人掌茎干上的叶子，基本上齐刷刷地全部退化掉了，又一个个化作长长短短的刺长出来——完完全全颠覆了普通植物茎、叶的形象！

这个家族里的成员，高矮也天马行空：身材小的，一生只有纽扣大小；大的，身高近20米，体重达10吨（10 000千克）。

外表如刺猬般的仙人掌，却与人为善。它们很愿意与人共处一室，因为它们的呼吸在夜晚与人刚好相反。长久的沙漠生涯，让仙人掌练就了夜晚呼吸孔打开，吸收二氧化碳，释放出大量氧气的本领。

仙人掌家族对于"刺"是特别有感情的。

仙人掌费尽心思举出或长或短或粗或细的刺，有着绝对独到的见解：食草动物们再也不敢轻而易举地将自己作为免费的餐点了；体内金贵的水分，因舍弃了叶子这个"抽水机"，也不会轻易蒸腾流失；茂密光亮的刺，会将来自太阳的多数光线反射掉——仙人掌锲而不舍地用智慧、用周身上下的刺，战胜了一般植物的怯懦，战胜了自己，在迷人却又高热、干燥、少雨的大沙漠中，泰然栖身。

意象轩轩势入云，为谁出手若经纶。

夜扶星斗朝擎日，气力何知几万钧。

　　　　——[宋]郑刚中《和江虞仲华山二绝·仙人掌》

1. 植物的根、茎、叶、花、果实等形态各异，写写你的观察结果。

2. 仙人掌的样子众多，你能画出一两种吗？

3. 作者的这篇手记，主要讲述了仙人掌的哪些特点？

4. 该你了，写出你的观察手记吧。

观察手记

日期：

地点：

5. 标本采集。 请将你采集的标本粘贴在本页上，并完成标本采集打卡哦。

花

植物标本便签

中文种名：＿＿＿＿＿＿＿＿＿＿＿

科　　名：＿＿＿＿＿＿＿＿＿＿＿

制 作 人：＿＿＿＿＿＿＿＿＿＿＿

制作时间：＿＿＿＿＿＿＿＿＿＿＿

叶

植物标本便签

中文种名：＿＿＿＿＿＿＿＿＿＿＿

科　　名：＿＿＿＿＿＿＿＿＿＿＿

制 作 人：＿＿＿＿＿＿＿＿＿＿＿

制作时间：＿＿＿＿＿＿＿＿＿＿＿

种子

植物标本便签

中文种名：＿＿＿＿＿＿＿＿＿＿＿

科　　名：＿＿＿＿＿＿＿＿＿＿＿

制 作 人：＿＿＿＿＿＿＿＿＿＿＿

制作时间：＿＿＿＿＿＿＿＿＿＿＿

标本采集打卡

地衣

植物档案			
中文名	地衣	别名	地耳
门	蓝藻门	科属	/
花期	——	果期	——
习性	大部分地衣是喜光植物，一般生长慢，但可以忍受长期干旱。干旱时休眠，雨后恢复生长，因此，可以生长在峭壁、岩石、树皮上等。地衣耐寒，因而高山带、冻土带也有地衣的存在		
主要分布	全国各地		

地衣

地衣——拓荒先锋

地衣在零下273摄氏度的低温下能生长，在比沸水温度高一倍的温度下也能生存，在真空条件下放置6年，依旧保持着生命的活力，被誉为植物界的"拓荒先锋"。

目力所及，大概没有它不可以安身立命的环境吧。

地衣由两种植物真菌和藻类"搭伙"组成，在人类出现以前，地衣就懂得合作的道理。

地衣肯定还懂得"1+1＞2"的道理——真菌吸收水分和无机物的本领超强；具有叶绿素的藻类，用真菌吸收的水分、无机物、空气中的二氧化碳和阳光为原材料，加工制造出世界上最美妙的产品：养料，与真菌一起享用。这种互惠互利的合作，让地衣拥有了超强的生命力。因为两种植物长期紧密地联合在一起，无论在形态上、构造上、生理上，还是遗传上，都形成了一个单独的固定有机体，因此，人们把地衣当作一种独立的低等植物来看待。

有意思的是，生命力顽强的地衣，还是个环保"先烈"，它见不得大气污染。在污染严重地带，地衣几乎绝迹，形成所谓的"地衣荒漠"——它会拒绝接受污染空气里的所有食物，不吃不喝，用自己的生命同污染划清界限，很值得我们尊敬。

地耳亦石耳之属，生于地者也。状如木耳。

春夏生雨中，雨后即早采之，见日即不堪。俗名地踏菇是也。

——［明］李时珍 《本草纲目》

1. 植物的根、茎、叶、花、果实等形态各异，写写你的观察结果。

2. 你能搜集到多少种地衣标本，请粘贴出来。

3. 根据你搜集到的标本，结合作者的观察手记，你能归纳出地衣的哪些特点？

4. 该你了，写出你的观察手记吧。

日期：

地点：

5. 标本采集。请将你采集的标本粘贴在本页上，并完成标本采集打卡哦。

花

植物标本便签

中文种名：＿＿＿＿＿＿＿＿＿

科　　名：＿＿＿＿＿＿＿＿＿

制 作 人：＿＿＿＿＿＿＿＿＿

制作时间：＿＿＿＿＿＿＿＿＿

叶

植物标本便签

中文种名：＿＿＿＿＿＿＿＿＿

科　　名：＿＿＿＿＿＿＿＿＿

制 作 人：＿＿＿＿＿＿＿＿＿

制作时间：＿＿＿＿＿＿＿＿＿

种子

植物标本便签

中文种名：＿＿＿＿＿＿＿＿＿

科　　名：＿＿＿＿＿＿＿＿＿

制 作 人：＿＿＿＿＿＿＿＿＿

制作时间：＿＿＿＿＿＿＿＿＿

水仙

植物档案

中文名	水仙	别名	凌波仙子、金盏银台、洛神香妃
门	被子植物门	科属	石蒜科　水仙属
花期	2—4 月	果期	—
习性	喜光、喜水、喜肥，能耐半阴，不耐寒，适于温暖、湿润的气候条件，喜肥沃的沙质土壤。生长前期喜凉爽，中期稍耐寒，后期喜温暖。因此，水仙要求冬季无严寒、夏季无酷暑、春秋季多雨的气候环境		
主要分布	浙江、福建沿海岛屿自生，各省区所见者多为栽培，供观赏		

水仙

水仙——凌波仙子

年前买菜时，在菜市场门口顺便买回两颗水仙球。

三四天后，就有嫩绿的叶尖从十字口里探出头来，叶子的形状渐渐呈现出完美的流线型。春节前，蓝瓷盆里的水仙，绽开了第一朵花——素净的白花瓣中央，是一轮明亮的橙黄。用鼻子使劲嗅房间里*丝丝缕缕*的幽香时，脑子里映出的却是一幅画："凌波仙子生尘袜，水上轻盈步微月。"（黄庭坚《王充道送水仙花五十枝》）嗯，一位清秀的凌波仙子，在北宋才子黄庭坚的诗词里，正款款地飘向我呢。

按说，自花传粉的水仙，是不需要用如此浓郁的香味为自己做广告的，何况，寒冬腊月，怎么会有帮它传粉的蝴蝶或蜜蜂踏香而来呢？那么，千百年来，水仙的幽香并没有褪去，按照"用进废退"的学说，是否可以这样理解——这芳香，是专门留下来愉悦人类的。

水仙，我说的可对？因迷恋水仙的醇香、迷恋水仙的清丽、迷恋水仙开在百花凋零时的精神，人类迫不及待地用水仙的鳞茎"克隆"出一簇簇水仙，让它们在岁末年初优雅登场。人类的无比钟爱，让水仙觉得，"种子繁殖"这个植物传播的法宝，对自己而言，已经是多余，于是，水仙如释重负般弃之不用。"只凭一勺水，几柱石子过活"（郭沫若）的水仙，不需要沃土壮肥，就能开出美妙的花、飘出宜人的香——只因为，水仙的一生，一直在做"减法"！

清兮直兮，贞以白兮，发采扬馨，
含芳泽兮，仙人之姿，君子之德兮。

——[明]徐有贞《水仙花赋》

1. 植物的根、茎、叶、花、果实等形态各异，写写你的观察结果。

2. 关于水仙的诗歌、谚语还有没有呢？查一查，试举一例。

3. 作者的这篇手记，主要讲述了水仙的哪些特点？

4. 该你了，写出你的观察手记吧。

观察手记

日期：

地点：

5. 标本采集。请将你采集的标本粘贴在本页上，并完成标本采集打卡哦。

花

植物标本便签
中文种名: _____
科　　名: _____
制 作 人: _____
制作时间: _____

叶

植物标本便签
中文种名: _____
科　　名: _____
制 作 人: _____
制作时间: _____

种子

植物标本便签
中文种名: _____
科　　名: _____
制 作 人: _____
制作时间: _____

标本采集打卡

车前草

植物档案

中文名	车前	别名	车前草、车轮草、车轱辘菜等
门	被子植物门	科属	车前科 车前属
花期	4—8月	果期	6—9月
习性	多年生草本。生于草地、河滩、沟边、草甸、田间及路旁		
主要分布	全国各地		

车前草

车前草——人家路边甚多

相对于"芣苢（fú yǐ）"——这个在《诗经》中诗意般美好的名字，我更喜欢叫它"车前草"，既可以表达其生境，又能够表现其传播方式，简单朴素，一如车前草本身。

拿一株车前子仔细看，你会发现，车前子的表面有一层黏性种皮膜。这层种皮膜有吸湿性，可因湿气而成为黏胶状。

聪明的车前草妈妈，正是借助于这个装备，独辟蹊径，让子女们黏在动物的蹄缝里、人类的鞋底上以及来来往往的车轱辘中，浪迹天涯。

在车前草的眼里，马蹄、车轮和鞋子，大约没什么区别，都是自己传播子孙后代的工具。不管你愿不愿意，当你踩上车前草种子时，它们就黏在或镶嵌在你的鞋底花纹里，你走多远，它跟多远。当你一跺脚，车前子和泥土便一起掉落在新领土上，完成了车前草的迁徙。

难怪《本草经集注》说：车前草"人家路边甚多。"

传说，车前草就是跟随哥伦布和他的队员，从欧洲横渡大西洋，顺利到达美洲。其他植物借助风力、飞鸟、水流都达不到的旅程，车前草靠一层薄薄的黏质就做到了。

就这样，车前草凭借自己的生存智慧，跻身为多年生草本植物中的望族。车辙、蹄窝、鞋印里，都有它自豪的笑脸。

采采芣苢，薄言采之。采采芣苢，薄言有之。

采采芣苢，薄言掇之。采采芣苢，薄言捋之。

采采芣苢，薄言袺之。采采芣苢，薄言襭之。

——《诗经·国风·周南·芣苢》

1. 植物的根、茎、叶、花、果实等形态各异，写写你的观察结果。

2. 关于车前草的诗歌、谚语还有没有呢？查一查，试举一例。

3. 作者的这篇手记，主要讲述了车前草的哪些特点？

4. 该你了，写出你的观察手记吧。

日期：

地点：

5. 标本采集。请将你采集的标本粘贴在本页上，并完成标本采集打卡哦。

花

植物标本便签

中文种名：＿＿＿＿＿＿＿＿＿＿

科　　名：＿＿＿＿＿＿＿＿＿＿

制 作 人：＿＿＿＿＿＿＿＿＿＿

制作时间：＿＿＿＿＿＿＿＿＿＿

叶

植物标本便签

中文种名：＿＿＿＿＿＿＿＿＿＿

科　　名：＿＿＿＿＿＿＿＿＿＿

制 作 人：＿＿＿＿＿＿＿＿＿＿

制作时间：＿＿＿＿＿＿＿＿＿＿

种子

植物标本便签

中文种名：＿＿＿＿＿＿＿＿＿＿

科　　名：＿＿＿＿＿＿＿＿＿＿

制 作 人：＿＿＿＿＿＿＿＿＿＿

制作时间：＿＿＿＿＿＿＿＿＿＿

打碗花

植物档案

中文名	打碗花	别名	打碗碗花、小旋花、兔耳草、狗儿秧
门	被子植物门	科属	旋花科　打碗花属
花期	5—7 月	果期	5—7 月
习性	喜温暖、阳光充足或半阴条件，能耐低温。喜富含腐殖质、排水良好的土壤		
主要分布	全国各地均有，从平原至高海拔地方都有生长，为农田、荒地、路旁常见的杂草		

打碗花

打碗花——弄坏花瓣会打碎碗

说起打碗花（又名打碗碗花），便想起童年，想起故乡。

在村庄周围的田垄里，年年春天，都有打碗花柔韧的茎蔓遍地逶迤。它天生一副袖珍小碗的模样，薄薄的花瓣合围成一个个滴水不漏的碗碟，盛满风、盛满阳光雨露，安静地待在纤细的茎蔓上，等待花仙子前来"就餐"。

以前大人们常常告诫：不许弄坏打碗花的花瓣，否则吃饭时会打破饭碗。

放学后拔猪草时我常常会遇到它，它是猪爱吃的青草。我欣喜地伸出手，小心翼翼地将粉红色的打碗花连同绿色的秧苗，从地下一同拔出。断茎处，会滴出白色汁液，沾到手上，很快变黑，难以清洗。

学习生物后才知道，这汁液是打碗花鼓捣出来的化学武器，专门用来驱赶食草动物的。

回到家，看猪心满意足地将花草咀嚼后吞下。猪对打碗花身体里的化学武器，表现得不屑一顾，真不知该为打碗花高兴，还是悲哀。

但从此，不再把大人的话奉为圣旨，因为猪从没有打破过饭碗。

葍子花俗名打碗花，一名兔儿苗，一名狗儿秧，
幽蓟间谓之燕葍根，千叶者呼为缠枝牡丹，亦名穰花。

——［明］朱橚《救荒本草》

1. 植物的根、茎、叶、花、果实等形态各异，写写你的观察结果。

2. 你认为打碗花和牵牛花有什么区别？

3. 作者的这篇手记，主要讲述了打碗花的哪些特点？

4. 该你了，写出你的观察手记吧。

日期：

地点：

5. 标本采集。请将你采集的标本粘贴在本页上，并完成标本采集打卡哦。

花

植物标本便签

中文种名：_____
科　　名：_____
制 作 人：_____
制作时间：_____

叶

植物标本便签

中文种名：_____
科　　名：_____
制 作 人：_____
制作时间：_____

种子

植物标本便签

中文种名：_____
科　　名：_____
制 作 人：_____
制作时间：_____

标本采集打卡

小麦

植物档案

中文名	小麦	别名	麸麦、浮麦、浮小麦
门	被子植物门	科属	禾本科 小麦属
花期	—	果期	—
习性	一年生或越年生草本。小麦属长日照作物（每天8～12小时光照），如果日照条件不足，就不能通过光照阶段，不能抽穗结实		
主要分布	北京、天津、河北、河南、山西、山东、江苏、安徽、江西、湖北、陕西、甘肃、青海、宁夏、新疆、辽宁、吉林、黑龙江、重庆、四川、贵州、内蒙古、新疆等		

小麦

小麦——重压与成长

夏天，关中平原一望无际的麦垄上，空气里似乎都听得到麦子拔节的声音。这轻微的毕剥声，是麦子和麦田携手的声音，是万千麦苗用生命进行的帕格尼尼合奏。

小时候一直不懂，大人们种下麦子后，为什么要用两头细中间粗的笨重碌碡（一种农具）碾压。石碌碡用粗绳子系在牲口身后，拖拉着在麦田里滚来滚去——刚刚躺进土层里的麦粒，能够承受这千钧重压吗？

重压下的麦种，不去理会我当时对它们的担心，每年都用绿油油的麦苗给我关于"重压与成长"的答案。

被碾压过的麦子，出苗整齐，长得壮实；而没经过碾压的麦子，出土的幼苗明显孱弱、不规整。

学了生物后慢慢懂了。碾压，这样的一个过程，压碎了土块、缩小了麦田土壤的空隙，让种子和土壤可以全方位接触，尽情享用土壤中的营养；碾压，也保住了耕层土壤里的水分，这对麦苗显然也不可或缺；碾压，还能微调土壤高度的差异，使播种的深度趋于一致。因此，一遍遍碾压后，麦苗当然整齐又健壮。

生活中，压力无时不在，只有像小麦种子这样直面压力，"享受"压力带来的幸福与快乐，才能在压力的磨砺下，完善自我，体味生命的乐趣，更快、更强地壮大。

田家少闲月，五月人倍忙。

夜来南风起，小麦覆陇黄。

——［唐］白居易《观刈麦》

1. 植物的根、茎、叶、花、果实等形态各异，写写你的观察结果。

2. 小麦是我国最重要的口粮之一，你知道小麦有哪些营养价值吗？

3. 作者的这篇手记，主要讲述了小麦的哪些特点？

4. 该你了，写出你的观察手记吧。

观察手记

日期：

地点：

5. 标本采集。请将你采集的标本粘贴在本页上，并完成标本采集打卡哦。

花

植物标本便签
中文种名：＿＿＿＿＿＿＿＿
科　　名：＿＿＿＿＿＿＿＿
制 作 人：＿＿＿＿＿＿＿＿
制作时间：＿＿＿＿＿＿＿＿

叶

植物标本便签
中文种名：＿＿＿＿＿＿＿＿
科　　名：＿＿＿＿＿＿＿＿
制 作 人：＿＿＿＿＿＿＿＿
制作时间：＿＿＿＿＿＿＿＿

种子

植物标本便签
中文种名：＿＿＿＿＿＿＿＿
科　　名：＿＿＿＿＿＿＿＿
制 作 人：＿＿＿＿＿＿＿＿
制作时间：＿＿＿＿＿＿＿＿

标本采集打卡

龟背竹

植物档案

中文名	龟背竹	别名	蓬莱蕉、铁丝兰、穿孔喜林芋
门	被子植物门	科属	天南星科　龟背竹属
花期	8—9月	果期	果于异年花期之后成熟
习性	龟背竹喜温暖湿润较遮阴的生态环境，忌强光暴晒与干燥，不耐寒，在中国多行温室栽培。有一定的耐旱性，但不耐涝。在南方，可孤植于池畔、溪旁及石缝中，颇具野趣		
主要分布	福建、广东、广西和云南等地栽培于露地，北京和湖北等地多栽于温室		

龟背竹

龟背竹——完美与残缺

对于热带雨林底层的植物来说，阳光来之不易。龟背竹所做的第一件事，是努力将自己的叶片长大，就像大点儿的渔网可以捕捉到更多的鱼那样。

但长着长着，龟背竹发现，像脸盆那么大的叶片，的确可以捕捉到更多的阳光，但也太容易受到伤害了。或许，它是从一场冰雹或者食草动物天敌的长相中获得了灵感。总之，龟背竹开始让老一点的叶片边缘长出了长长的缺刻，并在靠近叶脉的地方，长出大大小小的孔洞。

事实证明，这种长大后主动"残缺"的长相，让龟背竹的生活，从此豁然开朗。生长叶子时，使得劲儿小了，生态适应性却大大提高了。

当暴雨、台风和飓风等自然灾害袭来时，雨水、狂风会被龟背竹叶子上"地漏"般的孔洞和缝隙分流，既漏雨又不挡风，叶面的阻力大大降低了。雨水还能够流到植株的根部，滋润它的葱茏。风平浪静的日子，大叶子上的裂隙和孔洞，可以通透气流，从而调节整株植物的温湿度。也有人说，龟背竹叶子上的洞洞，是一种拟态行为，这些"可怕"的洞洞，吓走了雨林中的许多食草动物……

龟背竹并不满足，它深知热带雨林中底层植物活得不易，于是又长出了宛若游龙的气生根。这些气生根能够沿着寄主攀缘而上，那里有更多、更充足的阳光呢……

龟背竹花语——健康长寿。

1. 植物的根、茎、叶、花、果实等形态各异，写写你的观察结果。

2. 作者的这篇手记，主要讲述了龟背竹的哪些特点？

3. 龟背竹是一种常见的家庭观赏植物。除了观赏外，还有其他功能吗？

4. 该你了，写出你的观察手记吧。

日期：

地点：

5. 标本采集。请将你采集的标本粘贴在本页上，并完成标本采集打卡哦。

花

植物标本便签

中文种名：＿＿＿＿＿＿＿＿

科　　名：＿＿＿＿＿＿＿＿

制 作 人：＿＿＿＿＿＿＿＿

制作时间：＿＿＿＿＿＿＿＿

叶

植物标本便签

中文种名：＿＿＿＿＿＿＿＿

科　　名：＿＿＿＿＿＿＿＿

制 作 人：＿＿＿＿＿＿＿＿

制作时间：＿＿＿＿＿＿＿＿

种子

植物标本便签

中文种名：＿＿＿＿＿＿＿＿

科　　名：＿＿＿＿＿＿＿＿

制 作 人：＿＿＿＿＿＿＿＿

制作时间：＿＿＿＿＿＿＿＿

标本采集打卡

含羞草

中文名	含羞草		
门	被子植物门	别名	感应草、知羞草、呼喝草
花期	3—10月	科属	豆科　含羞属
		果期	5—11月
习性	含羞草喜温暖湿润、阳光充足的环境，适生于排水良好、富含有机质的沙质壤土。株体健壮，生长迅速，适应性较强。生于旷野荒地、灌木丛中；长江流域常有栽培，供观赏		
主要分布	福建、广东、广西、云南等地		

植物档案

含羞草

含羞草——娇羞自限

在含羞草的老家南美热带地区，不经意间就会遇到狂风或暴雨，如果含羞草不是在刚碰到大风或雨点时，就把叶子合起来，降低受力面积，猛烈的暴风雨就会摧毁它那娇弱的枝条和叶片。

为了让自己少受伤害，含羞草练就了敏感的自保反应——受到刺激0.1秒后，开始产生闭合运动，几秒钟内完成。自保反应在含羞草身体中的传递速度也相当快，可达到每秒40~50厘米。在植物王国这个大家庭中，含羞草算得上是智慧、敏捷的佼佼者了。

在含羞草叶柄的基部，有个水鼓鼓的薄壁细胞组织，叫"叶枕"。平时，叶枕里装满了液体。当叶子受到触动时，叶枕下部细胞里的水分立即向上部和两侧流去，于是，下部像泄了气的皮球似的瘪下去，上部却像打足气的皮球般鼓起来，叶柄顺势下垂合拢，看起来就像是羞答答地低下了头。等平静一会儿，液体慢慢渗入薄壁细胞流回叶枕，叶枕依靠膨压，让叶子重新抬起和展开，含羞草就又抬起了头。叶片恢复的时间一般为5~10分钟。

对含羞草来说，敏感的闭合防卫是它活下来的法宝，但我看它，怎么都有点防卫过当。一阵风，一滴雨，一触碰，甚至是翩翩蝴蝶的站立，都会引起含羞草神经质般的害羞，那么，它哪里有精力顾及发展自己，拓展领域？

含羞草花语——敏感、礼貌、害羞。

1. 植物的根、茎、叶、花、果实等形态各异，写写你的观察结果。

2. 作者的这篇手记，主要讲述了含羞草的哪些特点？

3. 去悄悄地触摸一下含羞草吧，看看它是不是如此的害羞。

4. 该你了，写出你的观察手记吧。

日期：

地点：

5. 标本采集。请将你采集的标本粘贴在本页上，并完成标本采集打卡哦。

花

植物标本便签

中文种名: _____

科　　名: _____

制 作 人: _____

制作时间: _____

叶

植物标本便签

中文种名: _____

科　　名: _____

制 作 人: _____

制作时间: _____

种子

植物标本便签

中文种名: _____

科　　名: _____

制 作 人: _____

制作时间: _____

标本采集打卡

风信子

植物档案

中文名	风信子	别名	洋水仙、西洋水仙、五色水仙
门	被子植物门	科属	天门冬科 风信子属
花期	3—4 月	果期	4—5 月
习性	风信子喜阳、耐寒，适合生长在凉爽湿润的环境与疏松、肥沃的沙质土中，忌积水		
主要分布	全国各地广泛栽培		

风信子

风信子——坏脾气

　　老家在地中海沿岸及小亚细亚一带的风信子，喜欢阳光充足和湿润的"住所"。

　　一开始，将它们放在外阳台上，比较适合，因为种球喜欢低温。2℃~6℃，最适合风信子的根系生长了；待叶芽萌动时，对温度的要求会稍稍高点，因为叶芽喜欢5℃~10℃；叶片和叶芽的爱好差不多，生长适温为5℃~12℃；到了现蕾开花期，花蕾和花朵，则偏爱温暖，15℃~18℃最合适了。

　　在参差剑叶的呵护下，经过20天左右，位于中心的风信子花序，会从上到下依次绽开几十朵六瓣"雪花"，花瓣尖尖的，一律向外翻卷，肆意而张扬。"雪花"们紧紧地挨在一起，合围成一个似乎一经碰触，就可以叮当作响的彩色圆柱，飘散出馥郁的馨香，别致、典雅。一般来说，每一个花柱，只有一种花色。有蓝、紫、红、黄等颜色的"雪花"，也有白色的"雪花"。

　　需要注意：风信子的香味无毒，但是有的人可能会对花粉过敏，最好别放在卧室。风信子球茎里的汁液是有毒的，误食会引起头晕、胃痉挛、腹泻，所以千万别让小孩子或家养动物触碰。

　　当年开过花的球根，保养好的话，来年还能花开二度。花期过后，要剪掉奄奄一息的花朵。叶子自然枯萎后，也剪掉。然后放在有木屑的透气袋子里，置于干燥、通风阴凉处，静待下一个轮回。

风信子花语——生命。

1. 植物的根、茎、叶、花、果实等形态各异，写写你的观察结果。

2. 常见的风信子都有哪些颜色？这些颜色又各自有什么花语？请你列举下来。

3. 作者的这篇手记，主要讲述了风信子的哪些特点？

4. 该你了，写出你的观察手记吧。

日期：

地点：

5. 标本采集。请将你采集的标本粘贴在本页上，并完成标本采集打卡哦。

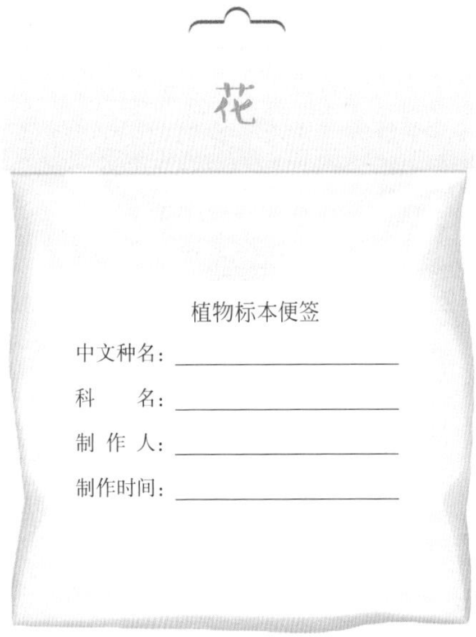

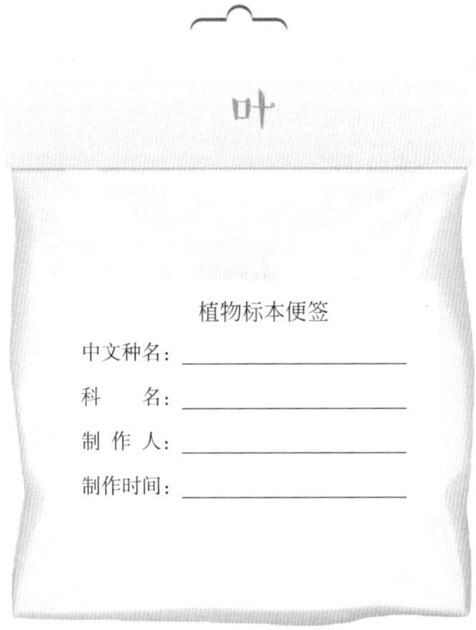

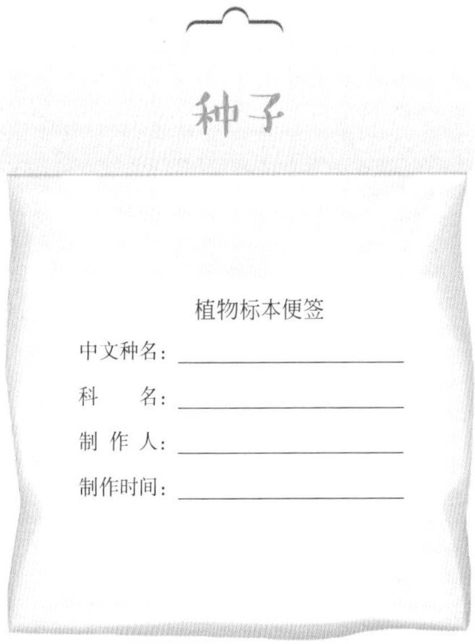

花

植物标本便签

中文种名：_____

科　名：_____

制作人：_____

制作时间：_____

叶

植物标本便签

中文种名：_____

科　名：_____

制作人：_____

制作时间：_____

种子

植物标本便签

中文种名：_____

科　名：_____

制作人：_____

制作时间：_____

标本采集打卡

石竹

植物档案

中文名	石竹	别名	洛阳花、石竹子花
门	被子植物门	科属	石竹科　石竹属
花期	5—6 月	果期	7—9 月
习性	其性耐寒、耐干旱，不耐酷暑，夏季多生长不良或枯萎。喜阳光充足、干燥、通风及凉爽湿润气候。要求肥沃、疏松、排水良好及含石灰质的壤土或沙质壤土，忌水涝		
主要分布	原产于我国北方，现南北普遍生长		

石竹

石竹——防御盾牌

在我家乡的田埂坡畔，夏天，石竹花开得到处都是，大红色居多。那时，我们不知道它的大名是石竹花，都叫它"火绒花"，花瓣绒绒的，花朵像一簇簇火苗，直晃眼睛。

小时候外出回家，常常会采一把石竹花插在水瓶里。那时候很奇怪在石竹花瓣的下方，有一个特别坚硬的筒状结构，像是花瓣插在袖珍花瓶里。

现在想想，这个花瓶状的萼筒，有可能是石竹花拒绝盗贼的防御"盾牌"。

先看看豆科植物长豇豆花的可怜遭遇吧。白色至浅黄色的长豇豆花，富含蜜汁，然而在它开花时，却常常遭遇熊蜂盗贼。熊蜂虽然也是一种蜂，但是只适合给花朵较大的花传粉，豇豆、蚕豆等较小的花朵，只有受它欺凌的份儿，且无还手之力。

熊蜂的口器有很强的咬合力，面对豇豆之类的小花时，即刻露出强盗无耻的一面：咬破花萼筒直接吸食花蜜。而不遵循动植物间的公平交易：吃花蜜，帮助花儿传粉。

可怜被熊蜂盗过蜜的花朵，失去的岂止是花蜜！花儿们就此一命呜呼，更谈不上传宗接代。

科学家到现在还未找到有效防止熊蜂盗蜜的方法。或许，石竹那坚硬的花萼筒，就是防止熊蜂盗食花蜜的盾牌。

一自幽山别，相逢此寺中。高低俱出叶，深浅不分丛。
野蝶难争白，庭榴暗让红。谁怜芳最久，春露到秋风。

——[唐]司空曙《云阳寺石竹花》

1. 植物的根、茎、叶、花、果实等形态各异，写写你的观察结果。

2. 关于石竹的诗歌、谚语还有没有呢？查一查，试举一例。

3. 作者的这篇手记，主要讲述了石竹的哪些特点？

4. 该你了，写出你的观察手记吧。

日期：

地点：

5. 标本采集。请将你采集的标本粘贴在本页上，并完成标本采集打卡哦。

花

植物标本便签

中文种名：_____

科　　名：_____

制 作 人：_____

制作时间：_____

叶

植物标本便签

中文种名：_____

科　　名：_____

制 作 人：_____

制作时间：_____

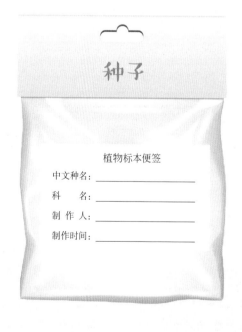

种子

植物标本便签

中文种名：_____

科　　名：_____

制 作 人：_____

制作时间：_____

标本采集打卡

蒲公英

植物档案			
中文名	蒲公英	别名	华花郎、蒲公草
门	被子植物门	科属	菊科　蒲公英属
花期	4—9 月	果期	5—10 月
习性	多年生草本。广泛生于中、低海拔地区的山坡、草地、路边、田野、河滩		
主要分布	全国各地		

蒲公英

蒲公英——自由自在

路边、石缝、田野、陌上、高山、陡坡，随处都有蒲公英朴实的身影。

一天，当我静下心来，俯身于这个随时准备起飞的小小生命时，心突然明亮起来。望着它那片片绿叶里的兴高采烈，金黄色花瓣里的春和景明，以及白色冠毛结成的绒球状"降落伞"，感动之余无比羡慕：做一株蒲公英，是多么惬意啊！

小小的蒲公英种子，驾驶着无与伦比的降落伞，随风飘飞。风让它落在哪里，它就在哪里安家。不会去想风曾经多猛，雨曾经多烈，脚下多么贫瘠！或许，脚下的环境，不足以开花和飞翔，但它们从不放弃生长，今年不行，还有明年呢，它们有的是耐心。

一把土、几滴水，就可生根、发芽、长叶、开花、成熟，然后，静静地等待风的亲吻、风的助力，再一次起飞，去开拓新领域。天空有多远，蒲公英就能飞多远。

与大树比起来，蒲公英弱得可怜。但蒲公英绝对与"软弱"无缘，惊人的扩展能力与求生力量，大到无法抵御——一株蒲公英能结近千粒种子，每个圆球形的降落伞里，就装载有100多粒。种子随风而飞，最远的可飞离母亲几百千米，相当于从一个城市飞到另一个城市；种子可以忍受零下40摄氏度的严寒……开春，成千上万株蒲公英，又开始面朝太阳，心思单纯地展颜而笑。

四时常有花，花罢飞絮，絮中有子，落处即生。
所以庭院间皆有者，因风而来。

————［宋］寇宗奭《本草衍义》

1. 植物的根、茎、叶、花、果实等形态各异，写写你的观察结果。

2. 你有没有想过，被风吹散后的蒲公英去了哪里？请发散你的想象力写出来。

3. 作者的这篇手记，主要讲述了蒲公英的哪些特点？

4. 该你了，写出你的观察手记吧。

日期：

地点：

5. 标本采集。请将你采集的标本粘贴在本页上，并完成标本采集打卡哦。

花

植物标本便签

中文种名：＿＿＿＿＿＿＿＿

科　　名：＿＿＿＿＿＿＿＿

制 作 人：＿＿＿＿＿＿＿＿

制作时间：＿＿＿＿＿＿＿＿

叶

植物标本便签

中文种名：＿＿＿＿＿＿＿＿

科　　名：＿＿＿＿＿＿＿＿

制 作 人：＿＿＿＿＿＿＿＿

制作时间：＿＿＿＿＿＿＿＿

种子

植物标本便签

中文种名：＿＿＿＿＿＿＿＿

科　　名：＿＿＿＿＿＿＿＿

制 作 人：＿＿＿＿＿＿＿＿

制作时间：＿＿＿＿＿＿＿＿

凤仙花

植物档案

中文名	凤仙花		
门	被子植物门	别名	草玉玲、君影草、香水花
花期	7—10 月	科属	凤仙花科　凤仙花属
习性	喜阳光，怕湿，耐热不耐寒。喜向阳的地势和疏松肥沃的土壤，在较贫瘠的土壤中也可生长	果期	7—10 月
主要分布	我国各地均有栽培		

凤仙花

凤仙花——自力弹射

凤仙花传播种子的方式非常特别，既不是靠动物，也不是靠风力或水，而是靠自身进行的。

凤仙花毛茸茸的种荚，具有奇异的活力和能量。成熟时，一阵风过，豆荚会因为痉挛性收缩，以不可思议的速度，弹射出很多籽儿。一些种子的射程可以达到一两米。

究其原因，会自力弹射的凤仙花果实，其果皮富含纤维，且弓形生长——种荚的一个边始终生长，而另一个边相对停滞，这样相互间会形成压力。当果荚成熟时，其内的压力已经达到峰值，稍有风吹草动，果皮的前端便会错位，引起反弓弹射，种子便被抛了出去。

站在凤仙花的立场上，它的英文别名：Don't touch me（别碰我），该有多别扭！我想凤仙花如果会说话，它肯定主张：叫我 Touch me 好了，把前面的 Don't 去掉！

当初给凤仙花起英文名的人，绝对不了解凤仙花的心思，也低估了植物的聪明智慧。

温婉的凤仙花怎么选择了充当射手？这是她用智慧扩大地盘呢。

香红嫩绿正开时，冷蝶饥蜂两不知。

此际最宜何处看，朝阳初上碧梧枝。

——[唐]吴仁璧《凤仙花》

1. 植物的根、茎、叶、花、果实等形态各异，写写你的观察结果。

2. 关于凤仙花的诗歌、谚语还有没有呢？查一查，试举一例。

3. 作者的这篇手记，主要讲述了凤仙花的哪些特点？

4. 该你了，写出你的观察手记吧。

日期：

地点：

5. 标本采集。请将你采集的标本粘贴在本页上，并完成标本采集打卡哦。

花

植物标本便签

中文种名：＿＿＿＿＿＿＿＿
科　　名：＿＿＿＿＿＿＿＿
制 作 人：＿＿＿＿＿＿＿＿
制作时间：＿＿＿＿＿＿＿＿

叶

植物标本便签

中文种名：＿＿＿＿＿＿＿＿
科　　名：＿＿＿＿＿＿＿＿
制 作 人：＿＿＿＿＿＿＿＿
制作时间：＿＿＿＿＿＿＿＿

种子

植物标本便签

中文种名：＿＿＿＿＿＿＿＿
科　　名：＿＿＿＿＿＿＿＿
制 作 人：＿＿＿＿＿＿＿＿
制作时间：＿＿＿＿＿＿＿＿

标本采集打卡

露珠草

植物档案

中文名	露珠草		
门	被子植物门	别名	牛泷草、心叶露珠草、绛珠草
花期	6—8 月	科属	柳叶菜科　露珠草属
习性	生于排水良好的落叶林，稀见于北方针叶林，垂直分布从海平面至海拔 3500 米	果期	7—9 月
主要分布	黑龙江、吉林、辽宁、河北、山西、陕西、甘肃、山东、安徽、浙江、江西、河南、湖北、湖南、四川、贵州、云南、西藏等		

露珠草

绛珠草——林黛玉的泪

曹老先生在《红楼梦》中，用绛珠来暗喻林黛玉的血泪。那么，世上果真有绛珠草吗？

从字面意思上看，绛，是深红色的意思，那绛珠，自然是深红色的珠子。

据此，有人说绛珠草是濒临灭绝的长白山野生人参。伞形花序、头顶艳丽红果且又是珍贵中药材的人参，的确契合绛珠草的形象。也有很多人说绛珠草是俗称"红姑娘"的灯笼草。只是，这"红姑娘"太皮实，有土即生，漫山遍野都有她喜滋滋生长、兀自盛开、结果的身影……在植物界，头顶着一颗颗红色珠子的草本植物，可谓多矣。

灵秀的绛珠草，显然不可能是重楼、草珊瑚、茅莓、三七、覆盆子、羊奶子、大叶乌蔹莓、万年青等蔓生于荒野，从外形到称呼，没有一点儿仙气的野生植物；更不可能是草莓、袖珍西红柿、红茄等可以入口的吃食。

嗯嗯，说了这么多，思路也该明晰了：绛珠草，只是曹老先生个人的虚构，在植物王国中，是不存在的。

植物专家陈传国教授心目中的绛珠草是深山露珠草，这种草有着纤细透明的茎，心形的叶，开白色小花，剔透娇嫩，凄楚婉约。用陈教授的原话说："在长白山，每每见到绛珠草这种婀娜多姿、凄楚可爱的神态，我都会想起林黛玉，忍不住要做一回神瑛侍者。"

只因西方灵河岸上，三生石畔，有绛珠草一株，时有赤瑕宫神瑛侍者，日以甘露灌溉，这绛珠草始得久延岁月。

——［清］曹雪芹《红楼梦》

1.植物的根、茎、叶、花、果实等形态各异，写写你的观察结果。

2.关于露珠草的诗歌、谚语还有没有呢？查一查，试举一例。

3.请观察露珠草有哪些特点？

4.该你了，写出你的观察手记吧。

日期：

地点：

5. 标本采集。请将你采集的标本粘贴在本页上，并完成标本采集打卡哦。

花

植物标本便签

中文种名：＿＿＿＿＿＿＿＿

科　　名：＿＿＿＿＿＿＿＿

制 作 人：＿＿＿＿＿＿＿＿

制作时间：＿＿＿＿＿＿＿＿

叶

植物标本便签

中文种名：＿＿＿＿＿＿＿＿

科　　名：＿＿＿＿＿＿＿＿

制 作 人：＿＿＿＿＿＿＿＿

制作时间：＿＿＿＿＿＿＿＿

种子

植物标本便签

中文种名：＿＿＿＿＿＿＿＿

科　　名：＿＿＿＿＿＿＿＿

制 作 人：＿＿＿＿＿＿＿＿

制作时间：＿＿＿＿＿＿＿＿

标本采集打卡

昙花

植物档案

中文名	昙花	别名	琼花、鬼仔花、韦陀花
门	被子植物门	科属	仙人掌科　昙花属
花期	6—12 月	果期	—
习性	喜温暖湿润的半阴、温暖和潮湿的环境，不耐霜冻，忌强光暴晒		
主要分布	我国各省区常见栽培		

昙花

昙花——瞬间定格永恒

昙花，是美洲墨西哥至巴西热带沙漠中的土著居民，出生地气候又干又热，只有到晚上才会凉快。昙花选择晚上开花，将花期缩短，不得不说，昙花太足智多谋了。

和沙漠中的其他植物一样，昙花也把自己的叶子退化成小小的针刺，一来避免动物啃食，二来减少水分蒸腾。我们看到的所谓"叶子"，实际上是昙花的叶状变态茎，昙花派遣这绿色变态的茎干，代替叶子行光合作用，为自己加工吃食，可谓物尽所能、一举两得。

昙花知道，当自己张开那硕大的花瓣时，水分会流失得特别快，而自己的根，从沙土中吸收水分，又是多么的不易，对于沙漠植物来说，水贵如油，须时刻牢记的。这炎热的白天，自然是不可以开花了。那就夜晚开吧，花期也要缩短——三四个小时的香味与色彩广告（白色花瓣，在黑夜里最醒目），对惯于夜晚出没的"媒婆"——蛾类和蝙蝠来说，也足够了。

昙花开放时，花筒慢慢翘起，外层苞衣片绽开，馨香便从花苞内弥漫开来。在沁人的清香里，洁白无瑕、如玉似脂的花瓣，如电影慢镜头般丝丝舒展、再舒展，直到露出点点鹅黄的花药，伸出菊花一样的柱头——这快要伸出花朵的柱头，似乎印证着昙花凄美哀怨的传说，是在探望它的情郎韦陀吗？

昙花庭院夜深开，疑是仙姬结伴来。

玉洁冰清尘不染，风流诗客独徘徊。

——[唐]李贺 《昙花诗三首其一》

1. 植物的根、茎、叶、花、果实等形态各异，写写你的观察结果。

2. 请你搜索有关昙花绽放的视频观看，并谈谈你的感受。

3. 作者的这篇手记，主要讲述了昙花的哪些特点？

4. 该你了，写出你的观察手记吧。

日期：

地点：

5. 标本采集。请将你采集的标本粘贴在本页上，并完成标本采集打卡哦。

花

植物标本便签

中文种名：＿＿＿＿＿＿＿＿

科　　名：＿＿＿＿＿＿＿＿

制 作 人：＿＿＿＿＿＿＿＿

制作时间：＿＿＿＿＿＿＿＿

叶

植物标本便签

中文种名：＿＿＿＿＿＿＿＿

科　　名：＿＿＿＿＿＿＿＿

制 作 人：＿＿＿＿＿＿＿＿

制作时间：＿＿＿＿＿＿＿＿

种子

植物标本便签

中文种名：＿＿＿＿＿＿＿＿

科　　名：＿＿＿＿＿＿＿＿

制 作 人：＿＿＿＿＿＿＿＿

制作时间：＿＿＿＿＿＿＿＿

标本采集打卡

下 篇

木 本 植 物

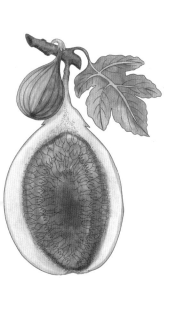

凌霄花

植物档案

中文名	凌霄	别名	紫葳、五爪龙、红花倒水莲等
门	被子植物门	科属	紫葳科　凌霄属
花期	5—8 月	果期	——
习性	适应性较强，耐寒、耐旱、耐瘠薄，病虫害较少		
主要分布	长江流域各地，以及河北、山东、河南、福建、广东、广西、陕西等		

凌霄花

凌霄花——直绕枝干凌霄去

在科学家眼里，喇叭状的凌霄花朵，那大大的开口和狭长的尾部，是充分地吸收大自然能量的典范。

科学家以凌霄花为模板，设计制作了微波收集器——形似凌霄花阔口窄尾的微波收集器，灵敏度高得让目标微波无处躲藏，还顺带把微波承载的能量、信息收集起来，充当绿色能源或将其转换成数字信号。

凌霄会派遣枝丫间为数众多的气生根，紧紧抓住身边的树枝、山石或墙面，一心一意地"直绕枝干凌霄去"（宋代杨绘），然后，一步步将花朵举上藤条的顶端。尽管，后面攀缘而上的藤条，还会开出更高的花，可是每一朵凌霄花，都为之付出了努力，都将美丽绽放在它攀登之后的最高点。即使藤条的最前端被折断，新发枝条仍会继续攀登的决心，是折不断的。它依然会越过老枝，心思单纯地凌云直上。附着物有多高，凌霄花开得比它还要高——看似婉约的凌霄，真的拥有凌云之志呢。

凌霄拥有自己的主根，加上气生根，因此，它只需借助附着物的躯体，而不需要借助它的营养。可以自力更生的花，当然是不需要着力炫耀自己的，勇往直前地向上攀登，只是想获得更多更好的阳光、雨露。

披云似有凌霄志，向日宁无捧日心。

珍重青松好依托，直从平地起千寻。

——［宋］贾昌朝 《咏凌霄花》

1. 植物的根、茎、叶、花、果实等形态各异，写写你的观察结果。

2. 关于凌霄花的诗歌、谚语还有没有呢？查一查，试举一例。

3. 作者的这篇手记，主要讲述了凌霄花的哪些特点？

4. 该你了，写出你的观察手记吧。

观察手记

日期：

地点：

5. 标本采集。请将你采集的标本粘贴在本页上，并完成标本采集打卡哦。

花

植物标本便签

中文种名：_____

科　　名：_____

制 作 人：_____

制作时间：_____

叶

植物标本便签

中文种名：_____

科　　名：_____

制 作 人：_____

制作时间：_____

种子

植物标本便签

中文种名：_____

科　　名：_____

制 作 人：_____

制作时间：_____

标本采集打卡

爬墙虎

植物档案			
中文名	爬墙虎	别名	爬山虎、地锦、飞天蜈蚣等
门	被子植物门	科属	葡萄科 爬山虎属
花期	6月	果期	9—10月
习性	适应性强，喜阴湿环境，但不怕强光，耐寒，耐旱，耐贫瘠		
主要分布	辽宁、河北、陕西、山东、江苏、安徽、浙江、江西、湖南、湖北、广西、广东、四川、贵州、云南等		

爬墙虎

爬墙虎——自强不息

爬墙虎是从叶腋处生出叶芽和触须的，每一根触须的顶部，会分生出手指一样的细梢，每个梢头，很快长出一个小小的圆形"脑袋"，一旦触及墙面，小圆脑袋就会变成一个精致的微型吸盘。1米长的爬墙虎茎干上，大约有25个小吸盘。有人测出，1米茎干上的小吸盘可以负载起3千克的拉力，3千克，这可是我家朝朝8岁时用双手才能拎起的重量呢！

正是仰仗这无数壁虎指爪一样的触角牵动茂密的枝叶，爬墙虎才从墙根一步步征服一面竖直墙壁的。太阳暴晒、电闪雷鸣、狂风骤雨中，它的脚步从不停歇。坚硬的墙面，因此有了生生不息的呼吸。

爬墙虎的根里，似乎蕴藏有永远也用不完的能量。这能量顺着爬墙虎褐色的茎干，奔涌着流向千头万须的触角，在白色的墙布上写意游走，描摹出一幅热情、率性、蓬勃的画面。每一处点染，都是神来之笔，那么优雅、那么完美。

在爬墙虎的眼里，生命大概是永无止境的吧。

我不知道爬墙虎最终能爬到多高，但它的生命力的确让我惊叹——一株爬墙虎，一个季度可以窜高1米；一根茎粗2厘米的藤条，种植两年，墙面的绿化覆盖面，可达30~50平方米。这本领，其他植物是望尘莫及的呢。

桃花净尽杏花空，开落年年约略同。

自是节临三月暮，何须人恨五更风？

扑檐直破帘衣碧，上砌如欺地锦红。

拾向研罗方帕里，鸳鸯一对正当中。

——[明]唐寅《落花诗》

1.植物的根、茎、叶、花、果实等形态各异，写写你的观察结果。

2.作者的这篇手记，主要讲述了爬墙虎的哪些特点？

3.爬墙虎的哪些优秀品质是你需要学习的？和小伙伴们一起讨论一下吧。

4.该你了，写出你的观察手记吧。

观察手记

日期：
地点：

5. 标本采集。请将你采集的标本粘贴在本页上，并完成标本采集打卡哦。

花

植物标本便签

中文种名：_____

科　　名：_____

制 作 人：_____

制作时间：_____

叶

植物标本便签

中文种名：_____

科　　名：_____

制 作 人：_____

制作时间：_____

种子

植物标本便签

中文种名：_____

科　　名：_____

制 作 人：_____

制作时间：_____

标本采集打卡

柏树

植物档案

中文名	柏树		
门	裸子植物门	别名	常绿乔木
花期	4 月	科属	柏科　柏木属
习性	较耐寒，耐干旱，喜湿润，但不耐水淹。	果期	10 月
	耐贫瘠，可在微酸性至微碱性土壤上生长		
主要分布	分布极广，北起内蒙古、吉林，南至广东及广西北部等		

柏树

轩辕柏——"世界柏树之父"

　　轩辕柏是指陕西省黄陵轩辕庙中的"黄陵古柏",又叫"轩辕柏"。据传为轩辕黄帝亲手所植。黄帝手植柏浓荫遮地,高可凌霄。树身下围10米,"七搂八柞半,疙里疙瘩还不算",果真需七八人合抱。1982年,英国林业专家罗皮尔先生来到黄帝陵,这是他27个国家林业资源考察名单中的一站,没想到黄陵给了他惊喜。因为他发现了集中分布于桥山的世界最大古柏群和世界最高龄柏树。从此,黄帝手植柏又有了个响当当的名字:"世界柏树之父"。

　　历经五千年风雪的砥砺,轩辕柏的树皮已如耄耋老人的肌肤,粗粝,多皱,青筋暴突。水渠般的皱褶东奔西突,盘旋扭曲,宛若黄土高原上的沟壑。树身上的累累疮疤,已化作凹凸的瘤、坑、坎、棱,像凝固了的岩石,定格了曾经的岁月。这沧桑的语言,诉说着民族的历史、祖先的荣耀和时光的流逝。

　　让我震撼的是,如此苍老之躯,除过几根指向天空的枯枝外,大部分枝干竟能顶出盎然的叶子。仿佛它的身躯里,装着用之不竭的绿翡翠。无论春夏秋冬,源源不断的绿从树干里涌出来,在天空弥漫,年复一年。风过时,枝叶扶摇,碧云涌动。

　　黄帝离我太遥远。可这棵柏树分明告诉我,它离我很近。

南邻北舍牡丹开，年少寻芳日几回。

惟有君家老柏树，春风来似不曾来。

　　　　　　——［宋］张在　《题兴龙寺老柏院》

1. 植物的根、茎、叶、花、果实等形态各异，写写你的观察结果。

2. 关于柏树的诗歌、谚语还有没有呢？查一查，试举一例。

3. 作者的这篇手记，主要讲述了柏树的哪些特点？

4. 该你了，写出你的观察手记吧。

日期：

地点：

5. 标本采集。请将你采集的标本粘贴在本页上，并完成标本采集打卡哦。

花

植物标本便签

中文种名：_____

科　　名：_____

制 作 人：_____

制作时间：_____

叶

植物标本便签

中文种名：_____

科　　名：_____

制 作 人：_____

制作时间：_____

种子

植物标本便签

中文种名：_____

科　　名：_____

制 作 人：_____

制作时间：_____

标本采集打卡

银杏

<table>
<tr><td>中文名</td><td colspan="2">银杏</td><td>别名</td><td rowspan="2">白果、公孙树、鸭脚树等</td></tr>
<tr><td>门</td><td colspan="2" rowspan="2">裸子植物门</td><td>科属</td></tr>
<tr><td>花期</td><td>4月</td><td>果期</td><td rowspan="2">9—10月</td></tr>
<tr><td rowspan="2">习性</td><td colspan="3" rowspan="2">银杏为喜光树种，深根性，对气候、土壤的适应性较宽：能在高温多雨及雨量稀少、冬季寒冷的地区生长，但生长缓慢或不良；能生于酸性土壤、石灰性土壤及中性土壤上，但不耐盐碱土及过湿的土壤</td></tr>
<tr></tr>
<tr><td>主要分布</td><td colspan="4">山东、浙江、安徽、福建、江西、河北、河南、湖北、江苏、湖南、四川、贵州、广西、广东、陕西等</td></tr>
</table>

植物档案

银杏

银杏——植物界的"大熊猫"

"碧云天，黄叶地，秋色连波，波上寒烟翠。"金秋，只要一瞥见银杏树明艳的金黄，再阴郁的心，也会折射出明亮温暖的阳光。

随手捡起一片银杏叶，也像捡起了一件艺术品。精致小巧的叶子，像一把小扇子，或者，像一把打开了的降落伞。叶子上的叶脉也很别致，无数纤细的叶脉，从叶柄基部出发，辐射状排满叶面，丝丝分明。顺手夹进书里，会变身一枚漂亮的书签，还可驱蠹虫。经年后，每每翻书，就会感觉它如一片阳光般熨帖心田。

美国美学家威廉·荷加斯认为，银杏叶缘流畅的波伏线和叶脉的辐状放射线，都是美学上的经典线条。

银杏树生长缓慢。自然条件下，从栽种到结果需要20多年，40年后，才能大量结果实。因此，它别名"公孙树"，是"公公栽种，孙子得食"的意思。

在银杏树身上，保留着许多较为原始的特征。它的叶脉是二歧状分叉叶脉，这在裸子植物中绝无仅有，但在较原始的蕨类植物中十分常见。银杏雄花花粉萌发时，仅产生两个有纤毛会游动的精子，这一特征，在裸子植物中只有苏铁才有，而在蕨类植物中却很普遍。

所以，银杏是一种比松、杉、柏等树木更为古老的植物，被科学家称为"植物界的活化石""植物界的大熊猫"当之无愧。

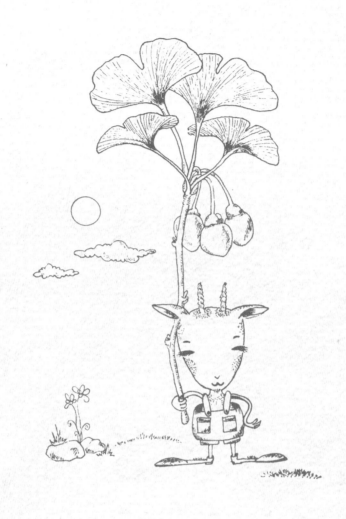

文杏栽为梁，香茅结为宇。
不知栋里云，当作人间雨。
　　　　　　——［唐］王维 《文杏馆》

1. 植物的根、茎、叶、花、果实等形态各异，写写你的观察结果。

2. 银杏的果子是非常有价值的中药，你知道有哪些功效吗？

3. 作者的这篇手记，主要讲述了银杏的哪些特点？

4. 该你了，写出你的观察手记吧。

日期:

地点:

5. 标本采集。请将你采集的标本粘贴在本页上，并完成标本采集打卡哦。

花

植物标本便签

中文种名：＿＿＿＿＿＿＿＿＿

科　　名：＿＿＿＿＿＿＿＿＿

制 作 人：＿＿＿＿＿＿＿＿＿

制作时间：＿＿＿＿＿＿＿＿＿

叶

植物标本便签

中文种名：＿＿＿＿＿＿＿＿＿

科　　名：＿＿＿＿＿＿＿＿＿

制 作 人：＿＿＿＿＿＿＿＿＿

制作时间：＿＿＿＿＿＿＿＿＿

种子

植物标本便签

中文种名：＿＿＿＿＿＿＿＿＿

科　　名：＿＿＿＿＿＿＿＿＿

制 作 人：＿＿＿＿＿＿＿＿＿

制作时间：＿＿＿＿＿＿＿＿＿

标本采集打卡

云杉

植物档案			
中文名	云杉	别名	粗枝云杉、大果云杉、粗皮云杉
门	裸子植物门	科属	松科　云杉属
花期	3—4 月		
果期			9—10 月
习性	耐阴、耐寒，喜欢凉爽湿润的气候和肥沃深厚、排水良好的微酸性沙质土壤		
主要分布	我国特有树种，产于陕西西南部（凤县）、甘肃东部（两当）及白龙江流域、洮河流域、四川岷江流域上游及大小金川流域，以华北山地分布为广，东北的小兴安岭等地也有分布		

云杉

云杉——直上云霄

如果以挺拔为标准，来一次树木选美，冠军肯定是云杉。

一株云杉如同一把收拢的巨伞，拔地而起，直上云霄。作为中国特有树种、第四纪冰河期留下来唯一"生物化石"的云杉，能够在天山雪岭和茫茫沙地上傲然挺立，绝对是下了一番功夫的——首先，让自己的树干长成下粗上细的锥形，就是为了使自己的重心下移，站立更稳。其次，让树冠的形状与树干保持一致。这种长相被实践证明是英明的，可以减少对风暴的阻力，增强稳定性。还有，云杉的树叶儿也长成针形等。这些，都是云杉战胜山顶和沙地长年累月狂风袭击的法宝！

作为广播电视发射传播的建筑——电视塔，为了使播送的范围大，电视发射天线就要高，如此，电视塔越建越高，经常成为城市中最高的建筑。建筑物高了，就要考虑其稳定性，人们正是模仿云杉挺拔傲岸、迎风战雪的特点，把高耸的电视塔设计成云杉树的模样，尖小底大，上细下粗，这样电视塔即使遭遇强台风袭击，也会岿然挺立，即便是遇到小型地震也不会倒塌。

不仅如此，我们周围常见到的高塔或高烟囱，甚至是超高层建筑，也无一例外地师从了云杉的形状。

这是高大的冰山，上接冰天，天上冻云弥漫，片片如鱼鳞模样。
山麓有冰树林，枝叶都如松杉。

一切冰冷，一切青白。

——鲁迅《死火》

1. 植物的根、茎、叶、花、果实等形态各异，写写你的观察结果。

2. "云杉如同一把收拢的巨伞"，你能想象出它的样子并且把它画出来吗？

3. 作者的这篇手记，主要讲述了云杉的哪些特点？

4. 该你了，写出你的观察手记吧。

观察手记

日期：

地点：

5. 标本采集。请将你采集的标本粘贴在本页上，并完成标本采集打卡哦。

花

植物标本便签

中文种名：_____

科　　名：_____

制 作 人：_____

制作时间：_____

叶

植物标本便签

中文种名：_____

科　　名：_____

制 作 人：_____

制作时间：_____

种子

植物标本便签

中文种名：_____

科　　名：_____

制 作 人：_____

制作时间：_____

标本采集打卡

珙桐

植物档案			
中文名	珙桐	别名	水梨子、鸽子树、鸽子花树
门	被子植物门	科属	蓝果树科　珙桐属
花期	4月	果期	10月
习性	喜欢生长在海拔 1500～2200 米的润湿的常绿阔叶落叶阔叶混交林中		
主要分布	湖北西部、湖南西部、四川以及贵州和云南两省的北部		

珙桐

珙桐——植物活化石

第四纪冰川时期，世界上大部分地区的珙桐都惨遭灭绝。我国中部至西南部多为崇山峻岭、高山峡谷，地理形势独特，成为各种动植物的天然避难所。珙桐就是这个时候幸存下来的古老植物之一，因而称作"植物活化石"，被列入我国一级保护植物。

每到春末夏初，珙桐树便进入它一年中最美的季节。珙桐之美，美在其"花"——实则是花序外面的两枚总苞片。珙桐真正的花并不起眼，连花瓣都没有——若干朵雄花和一朵雌花或两性花组成一个头状花序，也就是两片"翅膀"之间那个紫色的小球。一对手掌大小的苞片，分列于花序左右，花朵成熟时俨然鸽子的双翅。

珙桐将花序总苞长成这样，实则是深谋远虑的。

首先，总苞可以代替缺席的花瓣，吸引昆虫传粉。珙桐花在绽放前，总苞片是绿色，狭小且坚硬，访花昆虫对此毫无兴趣；到开花时，总苞片变得白里泛黄、轻盈柔软，这魅力对访花昆虫来说是难以抗拒的。科学家曾经去掉珙桐的总苞，用绿色和白色的纸片剪成类似的形状，挂在花序上，也能让蜜蜂等昆虫趋之若鹜。其次，珙桐的分布区大部分位于华西雨屏带，花期降水量大。而珙桐的花粉很脆弱，若吸收了过多水分会炸裂而死。这个时候，像雨伞一样，覆盖在花序外面的总苞就能显示出它可贵的护卫作用。

一尘不让寺门哗，只看珙桐几树花。

禅榻未亲煨芋火，霜柑先饷露芽茶。

——江庸《果玲上人见怀并呈香宋师》

1. 植物的根、茎、叶、花、果实等形态各异，写写你的观察结果。

2. 你能根据上文中的描述画出珙桐的"花"吗?

3. 作者的这篇手记，主要讲述了珙桐的哪些特点?

4. 该你了，写出你的观察手记吧。

观察手记

日期:

地点:

5. 标本采集。请将你采集的标本粘贴在本页上，并完成标本采集打卡哦。

植物标本便签

中文种名：_____

科　　名：_____

制 作 人：_____

制作时间：_____

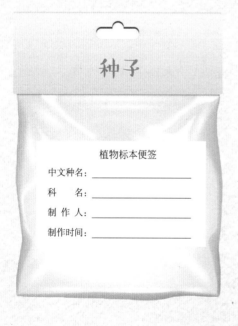

植物标本便签

中文种名：_____

科　　名：_____

制 作 人：_____

制作时间：_____

竹子

植物档案			
中文名	竹	别名	竹子
门	被子植物门	科属	禾本科　竹属
花期	较少见	果期	较少见
习性	竹类大都喜温暖湿润的气候，要求土质深厚肥沃，富含有机质和矿物元素的偏酸性土壤		
主要分布	四川、重庆、湖南、浙江等		

竹子

竹子——群生群长，患难与共

树生长时需要独立的空间，而瘦瘦高高、空心的竹子，因为没有抵御风雨的本钱，更喜欢一大丛集体生长在一起。

群居生长的竹林里，寸土寸金。立锥之地，留给每根竹子的，唯有竖直方向上的一寸阳光。新竹为了安身立命，必须在最短的时间内蹿出，向上、向上，用尽全力向上笔直地生长。这种世界上生长最快的植物，生长季节，每昼夜可长高 1.5~2.0 米！

竹子之所以长得这么快，是因为它许多部分同时生长，而一般植物只是依靠顶端分生组织中的细胞分裂，变大生长。竹子的分生组织不仅顶端有，而且每一节都有。

善于调动每一节、每一部分同时生长的竹子，理所当然地跃居植物界生长速度的冠军。这么快生长的竹子，当然不可能长成实心的啦——一方面太出色，另一方面就不怎么用功了。

"虚心"的竹子明白：高处不胜寒！以一根竹子的力量，是经不起风吹雨打、寒霜摧折的，也成不了气候，更成不了风景。只有相依相伴、群生群长，才能够互挡风寒、患难与共，才能够成为人类居住地的一景，践行东坡先生的名言：宁可食无肉，不可居无竹。

咬定青山不放松，立根原在破岩中。

千磨万击还坚劲，任尔东西南北风。

　　　　　——［清］郑板桥《竹石》

1. 植物的根、茎、叶、花、果实等形态各异，写写你的观察结果。

2. 关于竹子的诗歌、谚语还有没有呢？查一查，试举一例。

3. 作者的这篇手记，主要讲述了竹子的哪些特点？

4. 该你了，写出你的观察手记吧。

观察手记

日期：

地点：

5. 标本采集。请将你采集的标本粘贴在本页上，并完成标本采集打卡哦。

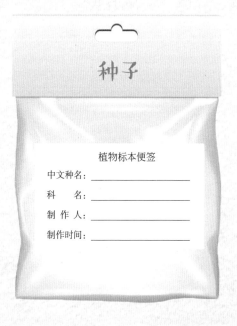

花

植物标本便签

中文种名：＿＿＿＿＿＿＿＿

科　　名：＿＿＿＿＿＿＿＿

制 作 人：＿＿＿＿＿＿＿＿

制作时间：＿＿＿＿＿＿＿＿

叶

植物标本便签

中文种名：＿＿＿＿＿＿＿＿

科　　名：＿＿＿＿＿＿＿＿

制 作 人：＿＿＿＿＿＿＿＿

制作时间：＿＿＿＿＿＿＿＿

种子

植物标本便签

中文种名：＿＿＿＿＿＿＿＿

科　　名：＿＿＿＿＿＿＿＿

制 作 人：＿＿＿＿＿＿＿＿

制作时间：＿＿＿＿＿＿＿＿

香椿

植物档案

中文名	香椿		
门	被子植物门	别名	香椿铃、香铃子、香椿子等
花期	6—8 月	科属	楝科　香椿属
习性	喜光，较耐湿，适宜生长于河边、宅院周围肥沃湿润的土壤中，一般以沙壤土为好	果期	10—12 月
主要分布	东北自辽宁南部，西至甘肃，北起内蒙古南部，南到广东、广西，西南至云南等均有栽培		

香椿

香椿——事不过三

起初，香椿像个高深莫测的化学家，一股脑儿鼓捣出三四十种挥发油、酯、醇、酚、酮类物质及硝酸盐、亚硝酸盐等化学成分，添加在自己的枝叶里，其目的是要警告食草动物和昆虫——这里是禁食区，最好离我远点！

出乎香椿的预料，有一部分人却迷恋上这种奇怪的味道。再高的香椿树，也难不倒一张张垂涎的嘴巴，借助工具、手脚并用，将香椿孕育了整个冬天的嫩芽，撕扯下来据为己有。

接连受伤的香椿，不得不琢磨对策。香椿做的第一件事情，是让自己的青春期变得非常短暂，不几日，原本鲜嫩的香椿芽，就变得粗枝大叶、粗糙不堪。

第一次被人掐掉后，好脾气的香椿会长出二茬，但品质明显比头茬差一截，叶肉也显得羸弱许多。如果这时还有人觉得不过瘾再次掐掉的话，第三次香椿萌发的嫩叶，已经难以下咽了——叶脉发柴，木质纤维粗糙，嚼都嚼不烂。

当香椿第三次长出嫩芽时，时令已经进入夏天。如果这个时候还有人不懂得香椿树的"语言"，管不住自己嘴巴的话，香椿树会以"死"抗争——发蔫，然后死给你看！

香椿的做法，正应了这句俗语："有再一再二，没有再三再四。"

人世间的事情，亦大抵如此。

峨峨楚南树，杳杳含风韵。

何用八千秋，腾凌诧朝菌。

——[宋]晏殊《椿》

1. 植物的根、茎、叶、花、果实等形态各异，写写你的观察结果。

2. 香椿是一种很常见的食材，和爸爸妈妈一起用它来做一道菜吧。

3. 作者的这篇手记，主要讲述了香椿的哪些特点？

4. 该你了，写出你的观察手记吧。

观察手记

日期：

地点：

5. 标本采集。请将你采集的标本粘贴在本页上，并完成标本采集打卡哦。

花

植物标本便签

中文种名：_____

科　　名：_____

制 作 人：_____

制作时间：_____

叶

植物标本便签

中文种名：_____

科　　名：_____

制 作 人：_____

制作时间：_____

种子

植物标本便签

中文种名：_____

科　　名：_____

制 作 人：_____

制作时间：_____

标本采集打卡

无花果

植物档案

中文名	无花果	别名	映日果、蜜果、文仙果等
门	被子植物门	科属	桑科 榕属
花期	5—7月		
		果期	6—11月
习性	不耐寒，喜光，有强大的根系，比较耐旱		
主要分布	我国南北均有栽培，新疆南部尤多		

无花果

无花果——托儿所

无花果并非无花。如果你摘下一个刚从叶腋长出的小无花果，用刀纵向刨开，就能看到它里面是空的，形状像个小"罐子"，罐子里长着很多小花，并且还是三种样子：雄花、雌花和瘿花。

"罐子"内壁的上端是没有花瓣的小雄花，下端是小雌花或者雄花散生在小雌花当中。瘿花是一种特殊的不孕雌花，花柱很短，不能进行繁殖，却别有用处——是无花果的"媒人"榕小蜂幼虫的"托儿所"。

在罐子的顶端有一个小孔，孔口被密生的苞片封住，"谢绝"其他昆虫进入，连风儿也被禁止入内。这个小孔，只为体长 2~3 毫米的榕小蜂敞开。

榕小蜂从小孔钻进罐子后，会在瘿花上产下一枚卵，产在瘿花中的卵很快孵化成幼虫，靠吃胚珠长大，羽化为成熟的小蜂。榕小蜂在花间绕来绕去转悠时，身上"沾满"了花粉粒。羽化了的小蜂往往是雌性，从无花果的小孔中飞出去与雄蜂交尾后，又去寻找别的"托儿所"。如此循环反复，无花果的花，全部借助于榕小蜂，完成了授粉大业。

这个盛满了"花朵"的所谓果实，叫花托，花托是不透明的。因此，从外表看，根本看不到花。因为花都"藏"在罐子形肥厚的肉质花托里，这种长法，植物学上叫"隐头花序"。

无花果是花中的隐士——花是果，果也是花。

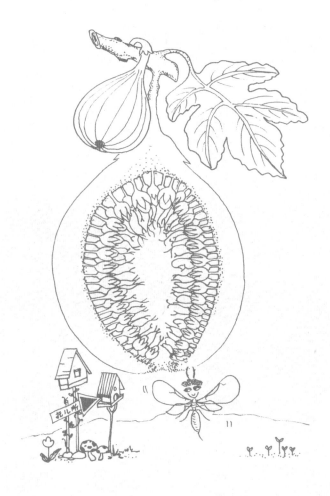

无花果出扬州及云南，今吴、楚、闽、越人家，枝柯如枇杷树，三月发叶如花构叶。

五月内不花而实，实出枝间，状如木馒头，其内虚软。采以盐渍，压实令扁，晒干充果食。

熟则紫色，软烂甘味如柿而无核也。

——［明］李时珍《本草纲目》

1.植物的根、茎、叶、花、果实等形态各异，写写你的观察结果。

2.无花果的果实有着亮丽的色彩，请观察无花果的果实并把它描述出来吧。

3.作者的这篇手记，主要讲述了无花果的哪些特点？

4.该你了，写出你的观察手记吧。

日期：

地点：

5.标本采集。请将你采集的标本粘贴在本页上，并完成标本采集打卡哦。

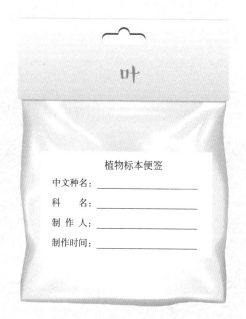

花

植物标本便签

中文种名：_____

科　　名：_____

制 作 人：_____

制作时间：_____

叶

植物标本便签

中文种名：_____

科　　名：_____

制 作 人：_____

制作时间：_____

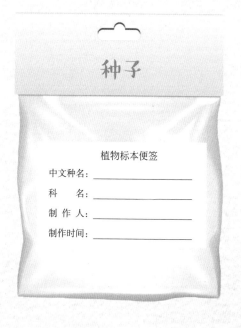

种子

植物标本便签

中文种名：_____

科　　名：_____

制 作 人：_____

制作时间：_____

标本采集打卡

玉兰

植物档案

中文名	玉兰	别名	白玉兰、木兰、玉兰花等
门	被子植物门	科属	木兰科　玉兰亚属
花期	2—3 月和 7—9 月	果期	8—9 月
习性	喜光，较耐寒，可露地越冬。爱高燥，忌低湿，栽植地渍水易烂根。喜肥沃、排水良好而带微酸性的沙质土壤，在弱碱性的土壤上也可生长		
主要分布	全国各大城市园林广泛栽培		

玉兰

玉兰——舍与得的人生赢家

香花不艳。的确，在灰白天空的背景下，白色的玉兰花儿并不起眼。没有艳丽的色彩，没有娇媚的外形，没有恣意的张狂。那些白色的花蕾，裹着毛茸茸的外衣，在灰褐色的枝头上，呈现出最本质的天然素净，含蓄而羞怯。只有在花瓣张开的刹那，玉兰花才释放出人见人爱的芬芳。

或许当初，玉兰花释放花香的本意，只是为了吸引刚刚睡醒的蜜蜂，将芳香和花粉交给勤劳的蜜蜂，自己传宗接代的大事就靠它们了。

但后来，玉兰发现，人类比蜜蜂更喜爱自己的醇香和素净——少女会将含苞待放的玉兰花，挂在胸襟，让楚楚的玉兰花香，随风一路铺陈开去；胡同里的大妈摘下新鲜的玉兰花瓣，洗净后均匀地掸上层细棒子面，再裹上用精面和小苏打调好的糊，下到温油里炸，末了还会把晶莹的冰糖碾成粉撒在花瓣上，一道酥炸玉兰，吃起来清新爽朗、春意盎然；大伯们则将玉兰花瓣收集晒干后，做成干花花袋，头痛脑热时闻一闻就可以缓解；更重要的，园林设计者们会将玉兰树列入庭院和道路绿化的名单之首，孤植、列植和片植……

有了人类的喜爱，玉兰树的身影很快遍布大江南北。舍弃部分花朵，换来家族的骤然壮大，舍与得之间，玉兰树得到的，超出了自己的想象。

绰约新妆玉有辉，素娥千队雪成围。

我知姑射真仙子，天遗霓裳试羽衣。

——［明］文徵明《咏玉兰》

1. 植物的根、茎、叶、花、果实等形态各异，写写你的观察结果。

2. 关于玉兰的诗歌、谚语还有没有呢？查一查，试举一例。

3. 作者的这篇手记，主要讲述了玉兰花的哪些特点？

4. 该你了，写出你的观察手记吧。

观察手记

日期：

地点：

5. 标本采集。请将你采集的标本粘贴在本页上，并完成标本采集打卡哦。

花

植物标本便签

中文种名：＿＿＿＿＿＿＿＿＿＿

科　　名：＿＿＿＿＿＿＿＿＿＿

制 作 人：＿＿＿＿＿＿＿＿＿＿

制作时间：＿＿＿＿＿＿＿＿＿＿

叶

植物标本便签

中文种名：＿＿＿＿＿＿＿＿＿＿

科　　名：＿＿＿＿＿＿＿＿＿＿

制 作 人：＿＿＿＿＿＿＿＿＿＿

制作时间：＿＿＿＿＿＿＿＿＿＿

种子

植物标本便签

中文种名：＿＿＿＿＿＿＿＿＿＿

科　　名：＿＿＿＿＿＿＿＿＿＿

制 作 人：＿＿＿＿＿＿＿＿＿＿

制作时间：＿＿＿＿＿＿＿＿＿＿

标本采集打卡

紫荆

植物档案			
中文名	紫荆	别名	裸枝树、紫珠
门	被子植物门	科属	豆科　紫荆属
花期	3—4 月	果期	8—10 月
习性	喜光照，有一定的耐寒性。喜肥沃、排水良好的土壤，不耐淹		
主要分布	北至河北，南至广东、广西，西至云南、四川，西北至陕西，东至浙江、江苏和山东等		

紫荆

紫荆——满条红

早春时节，紫荆的叶子还没有长出来，紫荆花已闻春而绽，艳丽的花朵密集地爬满了整棵树的每个枝条。花儿是艳丽的紫红色，花形如一群翩飞的蝴蝶，挤挤挨挨地紧贴在枝干上，舞出春天如火如荼的激情。

紫荆最奇特之处，在于它的花朵开放时，没有固定的部位，不仅枝条上能开花，苍老的树干上也能开花，满树嫣红，因而有"满条红"的美称。紫荆花除紫色外，还有一种较为罕见、观赏价值极高的白花紫荆，目前很少见。

紫荆树自古即是兄弟和睦，友好团结的象征，是兄弟树、友谊树。

据南朝吴钧《续齐谐记》载：南朝时，京兆田真三兄弟分家，当财产大都分置妥当后，才发现屋前的一株枝繁叶茂的紫荆树没有归属。当晚，兄弟三人商议明日砍树锯为三截，每人三分其一。谁知翌日清晨，却发现一夜间树叶落尽，树已枯死。田真见状心痛不已，对两个弟弟感慨道："树本同株，闻将分斫，所以憔悴，是人不如木也。"他的弟弟们听后也大为感动，决意不再分家。屋前的紫荆竟也慢慢复苏，此后长势异常茂盛。

特别要说明一点：我们北方的紫荆花与香港特别行政区的区花，并不是同一种植物。香港紫荆花，又叫羊蹄甲，只能在热带和亚热带生长。

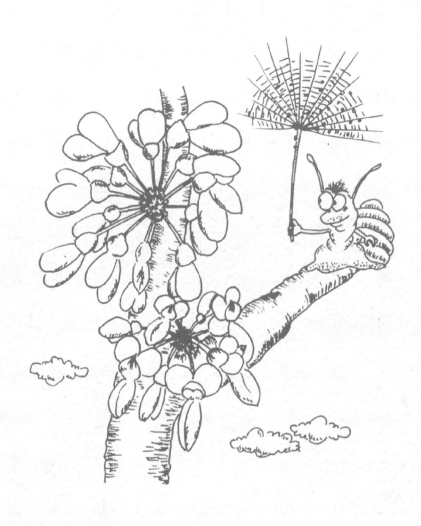

杂英纷已积，含芳独暮春。

还如故园树，忽忆故园人。

——［唐］韦应物 《见紫荆花》

1. 植物的根、茎、叶、花、果实等形态各异，写写你的观察结果。

2. 根据上文的描述及配图，发挥你的想象力画一幅紫荆花吧。

3. 作者的这篇手记，主要讲述了这种紫荆花的哪些特点？

4. 该你了，写出你的观察手记吧。

观察手记

日期：

地点：

5. 标本采集。请将你采集的标本粘贴在本页上，并完成标本采集打卡哦。

花

植物标本便签

中文种名: _____

科　　名: _____

制 作 人: _____

制作时间: _____

叶

植物标本便签

中文种名: _____

科　　名: _____

制 作 人: _____

制作时间: _____

种子

植物标本便签

中文种名: _____

科　　名: _____

制 作 人: _____

制作时间: _____

标本采集打卡

紫薇

植物档案			
中文名	紫薇	别名	痒痒树、紫金花、无皮树
门	被子植物门	科属	千屈菜科　紫薇属
花期	6—9月	果期	9—12月
习性	喜光照，略耐阴，喜肥沃，尤喜深厚肥沃的沙质土壤		
主要分布	广东、广西、湖南、福建、江西、浙江、江苏、湖北、河南、河北、山东、安徽、陕西、四川、云南、贵州、吉林等		

紫薇

紫薇——厚积薄发

几乎所有的花儿，都要赶在春天里秀一把，桃红柳绿、莺歌燕舞。唯独紫薇，一副沉睡未醒的模样。光秃秃、滑溜溜的枝丫里，挤出为数不多的叶子，像是在懒洋洋地打着哈欠。

初夏，群芳的激情，在一日烈过一日的骄阳下慢慢退去，曾经的姹紫嫣红，纷纷香消玉殒，似乎正应了那句俗语："人无千日好，花无百日红。"然而此刻，仿佛刚从梦中醒来的紫薇花，用让人惊诧的、长达三个多月的花期，告诉我：我们一直信奉的俗语，也有不周全的地方。

花期选对了，对紫薇来说，只是它计划中的第一步。接下来，紫薇凭借漫漫冬日里的厚积薄发和傲人的毅力，从7月到10月，花开不绝，完完全全颠覆了人类"花无百日红"的观念。

不光花期超长，紫薇的花朵，也很漂亮。紫薇、翠薇、银薇、赤薇……光听听名字，眼前已是姹紫嫣红了。每种紫薇花瓣，都有蕾丝花边般好看的皱褶。一瓣瓣、一朵朵兴高采烈地挤在一起，簇拥成一团团燃烧的绣球。紫色、玫红、粉红、粉白的花朵，悬垂在有着优美弧度的枝条末端，风过处，枝动花摇。这大团大团的娇艳，在满眼的翠色中，既惹眼又喜庆，从我们的眼前，一直绽放到唐代大诗人白居易的诗里："紫薇花对紫微翁，名目虽同貌不同。独占芳菲当夏景，不将颜色托春风……"

晓迎秋露一枝新，不占园中最上春。

桃李无言又何在，向风偏笑艳阳人。

——［唐］杜牧《紫薇花》

1. 植物的根、茎、叶、花、果实等形态各异，写写你的观察结果。

2. 关于紫薇的诗歌、谚语还有没有呢？查一查，试举一例。

3. 作者的这篇手记，主要讲述了紫薇花的哪些特点？

4. 该你了，写出你的观察手记吧。

日期：

地点：

5. 标本采集。请将你采集的标本粘贴在本页上，并完成标本采集打卡哦。

花

植物标本便签

中文种名：＿＿＿＿＿＿＿＿＿＿
科　　名：＿＿＿＿＿＿＿＿＿＿
制 作 人：＿＿＿＿＿＿＿＿＿＿
制作时间：＿＿＿＿＿＿＿＿＿＿

叶

植物标本便签

中文种名：＿＿＿＿＿＿＿＿＿＿
科　　名：＿＿＿＿＿＿＿＿＿＿
制 作 人：＿＿＿＿＿＿＿＿＿＿
制作时间：＿＿＿＿＿＿＿＿＿＿

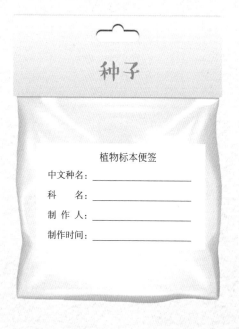

种子

植物标本便签

中文种名：＿＿＿＿＿＿＿＿＿＿
科　　名：＿＿＿＿＿＿＿＿＿＿
制 作 人：＿＿＿＿＿＿＿＿＿＿
制作时间：＿＿＿＿＿＿＿＿＿＿

标本采集打卡

结香

<table>
<tr><td colspan="4" align="center">植物档案</td></tr>
<tr><td>中文名</td><td rowspan="2">结香</td><td>别名</td><td rowspan="2">打结花、黄瑞香、梦冬花等</td></tr>
<tr><td>门</td><td>被子植物门</td><td></td></tr>
<tr><td>花期</td><td rowspan="2">冬末春初</td><td>科属</td><td rowspan="2">瑞香科　结香属</td></tr>
<tr><td></td><td></td></tr>
<tr><td></td><td></td><td>果期</td><td></td></tr>
<tr><td>习性</td><td colspan="3">喜生于阴湿肥沃地。栽种或放置宜在背靠北墙面向南之处，以盛夏可避烈日，冬季可晒太阳为最好</td></tr>
<tr><td>主要
分布</td><td colspan="3">北至河南、陕西，南至长江流域以南等</td></tr>
</table>

结香

结香——被打结

被誉为"中国爱情树"的结香，枝条纤维组织发达柔软，花朵香气扑鼻。

传说秦始皇在位时，宫内有一对相爱的男女。女的出身显贵，而男的家贫如洗，门不当户不对是不能结婚的。万般无奈这对男女选择了分手，分手前在结香树上打了个结，寓意彼此分手了结。不曾想打结枝条上当年开的花，不仅比别的枝条多，而且香味特别浓郁。此事传开后，秦始皇迷信地以为神在保佑他们，就破例让他们结了婚。

从此，民间渐渐形成了在结香树上打结许愿的风俗。

按说，这个传说和西方的情人节是没有任何关系的，但是被媒体炒作后，结香的中国元素和传说所赋予的光环，让广大情侣如获至宝。在情人节这天结香被单独拎出来，被迫接受无数情侣的愿望，以中国式爱情的名义。

打满结的枝条纠结着，枝条顶端灰白色的球形花苞被人为地扭在一起，像是在抱头痛哭。一些枝条在打结时被生拉硬拽到枝条断裂，露出绿白色的断茬，像是结香的滴滴眼泪。这分明是打劫！

打过结的枝条，营养和水分的传递肯定受阻，怎么可能花多香浓呢？传说又怎么可以当真？一些人总喜欢将自己的意愿强加给植物，并且还要附加上为自己开脱的理由。有谁会真正顾及植物的立场和感受呢？

乍结香茅祈福寿，更缠金缕贡芳新。

丹台素有延生录，岁岁迎祥在此辰。

——［宋］晏殊《端午词·御阁》

1.植物的根、茎、叶、花、果实等形态各异，写写你的观察结果。

2.结香花是可以用来泡茶的，你知道要经过哪些工序吗？

3.作者的这篇手记，主要讲述了结香的哪些特点？

4.该你了，写出你的观察手记吧。

日期：

地点：

5. 标本采集。请将你采集的标本粘贴在本页上，并完成标本采集打卡哦。

花

植物标本便签

中文种名：＿＿＿＿＿＿＿＿＿

科　　名：＿＿＿＿＿＿＿＿＿

制 作 人：＿＿＿＿＿＿＿＿＿

制作时间：＿＿＿＿＿＿＿＿＿

叶

植物标本便签

中文种名：＿＿＿＿＿＿＿＿＿

科　　名：＿＿＿＿＿＿＿＿＿

制 作 人：＿＿＿＿＿＿＿＿＿

制作时间：＿＿＿＿＿＿＿＿＿

种子

植物标本便签

中文种名：＿＿＿＿＿＿＿＿＿

科　　名：＿＿＿＿＿＿＿＿＿

制 作 人：＿＿＿＿＿＿＿＿＿

制作时间：＿＿＿＿＿＿＿＿＿

蜡梅

植物档案

中文名	蜡梅	别名	蜡花、蜡木、金梅等
门	被子植物门	科属	蜡梅科　蜡梅属
花期	11月至次年3月	果期	4—11月
习性	喜阳光，能耐阴、耐寒、耐旱，忌渍水。好生于土层深厚、肥沃、疏松、排水良好的微酸性沙质壤土上，在盐碱地上生长不良		
主要分布	野生于山东、江苏、安徽、浙江、福建、江西、湖南、湖北、河南、陕西、四川、贵州、云南等		

蜡梅

蜡梅——愈寒愈美

不长叶先开花，也就罢了。选择在寒刀霜剑下开放，将冬天里沉睡的蜜蜂唤醒，蜡梅对冬天与寒冷的见解，真的与其他植物截然不同，甚至完全相反呢。

蜡梅为什么会拥有如此特立独行的价值观？

一些专家学者认为：由于花芽开放所需要的环境温度比叶芽萌发所需的温度低，所以蜡梅先开花后长叶；蜡梅因为体内拥有冷适应蛋白，因此不怕寒冷。零摄氏度左右是蜡梅最适合开花的温度，所以它的花期在冬天，在腊月里——这也是蜡梅又称为"腊梅"的原因。

可是，蜡梅是怎样拥有冷适应蛋白的？为什么要选择在零摄氏度左右开花？却没有人来解释。

或许，蜡梅清楚，"适者生存"于自己而言，就是独辟蹊径，在无花敢开的冬天，亮出自己，展现生命的顽强和坚韧。

在愈冷愈美丽的蜡梅身影里，在冬天的微笑里，我只能说，每年的这个时候，还能看到花儿开放、能闻到自然花香，真好！蜡梅，你可真了不起！

香蜜栽葩分外工，疏枝数点缀雏蜂。

娇黄染就宫妆样，香暖犹宜爱日烘。

——［宋］杨巽斋《蜡梅》

1. 植物的根、茎、叶、花、果实等形态各异，写写你的观察结果。

2. 关于蜡梅的诗歌、谚语还有没有呢？查一查，试举一例。

3. 作者的这篇手记，主要讲述了蜡梅的哪些特点？

4. 该你了，写出你的观察手记吧。

观察手记

日期：

地点：

5. 标本采集。请将你采集的标本粘贴在本页上，并完成标本采集打卡哦。

花

植物标本便签

中文种名：_____

科　　名：_____

制 作 人：_____

制作时间：_____

叶

植物标本便签

中文种名：_____

科　　名：_____

制 作 人：_____

制作时间：_____

种子

植物标本便签

中文种名：_____

科　　名：_____

制 作 人：_____

制作时间：_____

胡杨

植物档案			
中文名	胡杨	别名	胡桐
门	被子植物门	科属	杨柳科　杨属
花期	5月	果期	7—8月
习性	喜光，抗热、抗干旱、抗盐碱、抗风沙。喜沙质土壤，在湿热的气候条件和黏重土壤上生长不良		
主要分布	内蒙古西部、新疆、甘肃、青海等		

胡杨

胡杨——生死三千年

　　沙漠赭（zhě）色波浪的光影里，胡杨曲遒枝干上的金黄色树冠，在纯蓝天空的背景中，用生死三千年的时间，站成一幅色彩纯净而扣人心弦的画。

　　"生存一千年不死，死后一千年不倒，倒后一千年不烂。"能用三千年时间思考生命的一种树，一定有着和其他植物不同的价值观。

　　塔克拉玛干的盐碱沙漠，被视为生命的"禁区""绝境"，胡杨选择在这样的地方安家落户，变毒素为营养，是需要超级勇气、智慧和毅力的。

　　pH 值大于 8，对一般植物而言，已经大大超出了它们的理解力，死过好几次了。面对高 pH 值，生命纷纷出逃。唯独胡杨，"修炼"出一套能够坚守下来的诀窍和机制——胡杨让自己的主根、侧根、躯干、树皮、叶片，纷纷学会接纳盐碱，习惯盐碱的味道，习惯盐碱带来的刺激与亢奋。

　　当体内盐碱积累过多时，胡杨便从树干的节疤和裂口处将多余的盐碱排泄出去，形成像雪一样洁白或淡黄色的苏打结晶（碳酸钠），当地居民叫它"梧桐碱""胡杨泪"。

　　如此这般，那片不毛之地，也有了绿色、有了生机，有了奇迹和生命励志的标本。

树窝随处产胡桐，天与严寒作火烘。
务恰克中烧不尽，燎原野火入霄红。

——［清］林则徐 《颂胡杨》

1. 植物的根、茎、叶、花、果实等形态各异，写写你的观察结果。

2. 关于胡杨的诗歌、谚语还有没有呢？查一查，试举一例。

3. 作者的这篇手记，主要讲述了胡杨的哪些特点？

4. 该你了，写出你的观察手记吧。

观察手记

日期：

地点：

5. 标本采集。请将你采集的标本粘贴在本页上，并完成标本采集打卡哦。

花

植物标本便签

中文种名： ＿＿＿＿＿＿＿＿＿

科　　名： ＿＿＿＿＿＿＿＿＿

制 作 人： ＿＿＿＿＿＿＿＿＿

制作时间： ＿＿＿＿＿＿＿＿＿

叶

植物标本便签

中文种名： ＿＿＿＿＿＿＿＿＿

科　　名： ＿＿＿＿＿＿＿＿＿

制 作 人： ＿＿＿＿＿＿＿＿＿

制作时间： ＿＿＿＿＿＿＿＿＿

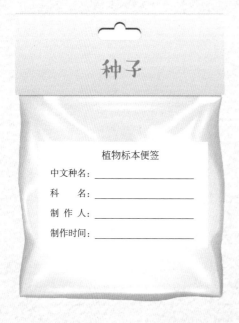

种子

植物标本便签

中文种名： ＿＿＿＿＿＿＿＿＿

科　　名： ＿＿＿＿＿＿＿＿＿

制 作 人： ＿＿＿＿＿＿＿＿＿

制作时间： ＿＿＿＿＿＿＿＿＿

标本采集打卡

后记——在草木里发现美好

当我开始一篇篇校对这些文字和漫画手稿时，像是回到了过去，看见了另一个自己。

从2014年开始，我几乎每周都给自己定了任务，写身边熟悉的草木，写草木生存繁衍的智慧，写草木的美好，写草木带给我的哲学启迪。之后，我还要给每篇文章设计一幅漫画配图。

日子就这样在我和草木的凝视与对话里，在键盘噼里啪啦的响声中，在画笔起起落落的线条间，哗啦啦流过。每天都忙忙碌碌，心，却是宁静的。

于草木，我一直心存敬畏和感恩。越了解植物，就越喜爱植物。因为，植物是文化，是哲学，是人学，也是性灵的存在。

是草木改变了世界。它们布满世界的角角落落，供给并维持了地球上几乎所有生命。草木还以无可比拟的美，装点我们眼前的世界。它们实际上都是一个个奇迹。

每写一种草木，哪怕是我最熟悉的植物，我都要先从科技论文里去了解它，了解它的科学属性，看它最新的研究进展。在搜集资料时，我如果发现了令人着迷的动植物联盟，或是发现了它复杂奇巧的生理结构，或是发现了它奇特的生存繁衍妙招时，我的开心，不亚于哥伦布发现了新大陆。此时，我眼前的草木，已是一个全新的朋友，一位亟待被更多人认识和分享的朋友。

接下来，我会竭尽全力用文字去描述我的理解，尽可能地还原植物的性情与智慧。我给大朋友、小朋友分享这些，希望能加深他们对植物的认知。同样，写作的过程，也加深了我对草木的认知。描述草木时，我的心里，唯有欢喜。

这里的每篇文章，都像是我的孩子。或许在别人看来，它们还稚气未脱，但在我眼里，它们都是真实的、聪明的、美丽的。

在写这些草木时，我的身心得到了放松，找到了属于我的解压方式。几天不动笔，手就痒痒。在深入了解植物的过程中，我受益匪浅；在解读植物的同时，我也知道了未来的自己该前往何方，并活成什么模样。

我写《草木祁谈：科学家给孩子的植物手记》这本书，就是想让中国的小朋友以及爱好植物的大朋友，跟随书里的草木，以全新的眼光观察这个世界。我希望你们在观察植物的时候，发现这些草木更多的生存智慧，享受其中的美好，或者获得某种类似于哲学方面的启迪。

草木多种多样，或奇异，或美妙，或性感，或优雅，它们身上闪闪发光之处是花朵。大多数花朵都拥有花瓣和花萼，它们要把自己花朵里的花粉借助于"媒婆"（昆虫、动物、空气、水流等）传递给另一朵花的子房。这个行为，在植物学上叫作传粉。传粉是所有花朵的终极目标。无论花朵使用了多么令人惊讶的技能，还是设计了多么让人想不到的"诡计"，但它们都出于一个目的——最终发育为果实和种子。

种子就是草木的孩子，这个曾经生长在花朵核心部位的小小个体，必须很快脱离母体的羁绊，去更远的地方开疆拓土。否则，它会和母亲以及自家兄弟姐妹们争夺生存的必需品：阳光、空气、水分、养分，等等，结局可想而知。那么，没有腿无法行走的种子，到底要怎样去开拓新的疆域呢？

由于篇幅所限，我的文章中只写出了一小部分：弹射、飘浮、被吞食，或者悬挂在动物的皮毛和人类的衣服上……

更多的美好，期待你们去发现。现在，就把你们的观察与心得，写在文章后面的空白处吧。

最后，感谢北京市科学技术协会科普创作出版资金的鼎力支持，感谢世界图书出版公司小世界童书馆编辑团队的倾心付出！

欢迎大家批评指正。

祁云枝

二〇二一年岁末于西安